阿米巴定律

THE AMOEBA STRATEGY

讓企業自己壯大的 *經營密碼*

胡八一 著

打破傳統管理邏輯，透過分權、自主、共享激發組織全員潛能的經營革命

○ 從管理到經營，讓企業化被動為主動！
○ 人人都是經營者，組織全員動力覺醒！
○ 分、算、獎：三字破解企業增長密碼！

阿米巴經營模式如何讓企業業績持續飆升
實現高效裂變與穩健成長，讓組織煥發全新生命力

目錄

阿米巴經營模式的落地生根　　005

前言　　011

第一章　阿米巴的匯入與策略規劃　　013

第二章　設計阿米巴組織架構　　049

第三章　阿米巴組織的劃分方法　　095

第四章　阿米巴組織的核算形態與運作　　141

第五章　組織整合與更新　　187

第六章　阿米巴組織執行　　223

目錄

阿米巴經營模式的落地生根

阿米巴經營模式是什麼？

阿米巴是一種單細胞微生物，牠能自身不斷分裂複製，且為了適應外在條件而變形。稻盛和夫據其兩個特點，結合松下電器事業部制，創立阿米巴經營模式。

所謂阿米巴經營模式，簡而言之，即把公司分成多個自主經營組織（即阿米巴），每個經營組織均需獨立核算、承擔盈虧；抱持利他雙贏理念，鼓勵員工增加收入、降低費用；最後利益共享，共創幸福企業。

三字以蔽之：分、算、獎！

阿米巴經營模式有何成果見證？

1978 年後，市間自覺學習日本管理模式、美國管理模式，諸如全面品質管理、精實生產、整合行銷傳播、波特競爭策略等，卻也只是片段而非整體。

唯有阿米巴經營模式，上自經營哲學、中到組織設計技術、下抵日常表格操作，事及全員，而非某些職能部門，於是持續產生成果。

阿米巴經營模式的落地生根

先是稻盛和夫業績可嘆,如今世界耳熟能詳:

- 自創京瓷,伊始維艱,人數不過半百、廠房不過三間,用阿米巴經營模式後,業績持續成長,榮登世界前 500 大!
- 組建日本 KDDI,整合多方人才資金,用阿米巴經營模式後,打破壟斷、衝出重圍,業務從零開始,再攀世界前 500 大!
- 日本航空鉅額虧損,瀕臨倒閉,鳩山首相三顧茅廬、稻盛和夫八十高齡下山,用阿米巴經營模式後,一年轉虧為盈,反超同行!

阿米巴經營模式為何能夠產生極高收益?

首先,阿米巴經營模式符合人性。

它從人性方面思考,形成經營哲學,正確引導經營方法,而非捨本逐末,以為某種管理方法即是「絕招」。

以下三個問題的答案,即從人性角度思考得出,而非管理學科。

- 為何只有老闆關注經營利潤,然而員工卻只關注做事本身?

因為我的工作離利潤太遠,無法關注!

- 為何部門之間總愛爭論推諉,最終只有老闆才能協調解決?

因為他們互是同事關係，而非買賣關係！

◆ 為何員工總是覺得薪資不夠滿意，卻把原因歸為老闆小氣？

因為薪資是老闆給的，不是他們買賣賺來的！

其次，阿米巴經營模式能夠滿足時代需求。

當下員工多數不為生存安全而去工作，他們需要的是人格尊重、精神自由，滿足這種心理需求之舉，莫過於「我有地盤，我能作主」！好吧！給你一個阿米巴，讓你作主！

「網際網路」已讓千萬「草根」創業成功；政府鼓勵創業、津貼也層出不窮，誰不曾蠢蠢欲動？老闆若不滿足員工創業衝動，員工必將外出創業。好吧！給你一個阿米巴，讓你去創業！

最後，阿米巴經營模式提供了技術保障。

好心未必做成好事，皆因方法不對；慈悲未必修得善果，全是智慧不足。一味符合人性、一味滿足員工，當然也就未必成功。

勵志大師鼓噪成功，可是從來不曾給出成功的邏輯、成功的階梯，以為充滿熱情，便可成功。結果弟子除了再去鼓噪，別無他法！

阿米巴經營模式則不然，包含如何分類阿米巴，如何內部

阿米巴經營模式的落地生根

定價，如何建立內部交易規則，如何核算收入、成本，如何分析阿米巴盈虧，如何改善不良，如何分享收益……唯一所剩，就是你的行動！

阿米巴經營模式是否適合中華企業？

古今中外之人，雖有認知差異，從而形成文化差異、觀念差異，然而人心、人性無異！

管仲新政，故有齊桓九合諸侯，無非分、算、獎；

商鞅變法，故有大秦一統天下，無非分、算、獎；

明治維新，故有日本趕超亞歐，無非分、算、獎；

對應前面所述三個人性問題，解決方案，無非分、算、獎！

故此，這個問題不是問題！

阿米巴經營模式如何落地它國企業？

稻盛和夫來華數次，宣傳理念；成立機構若干，誦讀精進。然而理念如不加以技術落地，則是空談！

我們敬重稻盛和夫，但非膜拜；我們學習阿米巴，但非照抄！

書中內容，乃是一家之言，供您參考、探討。

願您成功！

得以成書，非常感謝柏明頓的客戶們！非常感謝我的顧問夥伴們，特別是柏明頓資深顧問魏海燕、陳揚名等人，為本書提供大量案例、圖表、數據。

是為序。

胡八一

阿米巴經營模式的落地生根

前言

　　阿米巴組織設計，必須以阿米巴經營理念為指導，拋開傳統的行政組織架構，重構以自主經營為導向的新組織架構。每個阿米巴組織，為目標負責，為利潤負責，這樣就可以釋放組織的活力。

　　傳統的行政組織架構（主要是金字塔式、職能式、混合式），以命令或管理方式來層層傳遞高層的決策意圖，靠「帶」和「管」的方式運作企業。這種組織架構形態有一定的歷史貢獻，被沿用很久，但存在的弊端不容忽視。行政組織架構在產品、文化、行銷相對成熟，在市場環境相對穩定時，能有效執行和完成組織任務，但在組織改革、更新、轉型、擴張、裂變時，種種缺點就會暴露出來。

　　在新形勢下，傳統行政組織需要更新，阿米巴是組織更新的方向。阿米巴組織經過「責任」劃分，主管享有充分的權利，同時承擔相應的責任。這樣一來，阿米巴內的主管就搖身一變，從被動的受管理者，轉變成主動的經營者。傳統行政組織架構好比是火車，「火車跑得快，全憑車頭帶」，車頭的動力決定火車的方向和速度。阿米巴組織架構好比是高鐵，每一節

前 言

車廂都有動力，帶動整個車身向前高速行駛。車頭最重要的作用，不再是動力，而是方向。

準確的阿米巴組織劃分，促使企業從管理走向經營，人人皆成為經營者！

在本書中，我們將探討阿米巴的組織設計，這是阿米巴經營的起點。其背後有一套嚴謹的技術原理和操作過程，我們將分六個章節進行實戰操作。

本書屬於企業阿米巴經營頂層設計範疇，是決策者應知應會的部分，需要決策者和操作者系統性學習，熟練掌握。

學習要求：

【思考】要求對照公司現狀，思考有何指導、啟發意義。

【操作】要求進行實戰演練，做出相應的階段性方案。

【成果】要求在階段性方案的基礎上，形成完整的個性化方案。

第一章
阿米巴的匯入與策略規劃

第一章　阿米巴的匯入與策略規劃

阿米巴組織首先分析外在的競爭環境，其次制定相應的企業策略，最後設計支撐策略的組織架構。

一些企業透過匯入阿米巴經營模式，建立了探索和孵化創新的阿米巴組織，來感知新的產業趨勢，或是透過覆蓋廣闊生態體系的阿米巴責任分工體系，全面伸出觸角，探測各個領域的新機會，從而為企業尋找最合適的策略之路。企業也由此開始從結構跟隨策略到結構引導策略的深刻變革。

企業匯入阿米巴經營模式的流程如圖 1-1 所示。

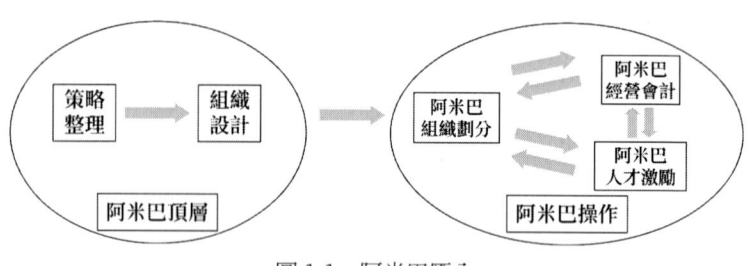

圖 1-1　阿米巴匯入

本章目標：

1. 了解：阿米巴匯入與策略規劃落地。

2. 理解：策略與組織結構之間的關係；策略解構和推演。

3. 掌握：策略目標分解路徑。

4. 操作：策略定位與發展規劃。

形成成果：

1. 公司策略整理與組織變革分析。

2.5 年策略目標 —— 總體策略目標。

3. 發展策略目標計畫。

第一節　阿米巴經營的理念與實踐

提示：

本節內容學員了解即可，不需要理解和操作。

阿米巴經營模式充分彰顯了企業管理的兩種力量：無形力量（經營哲學）和有形力量（人人成為經營者），實現了員工群策群力，發揮每名員工和每個阿米巴組織的積極性與創造性，保障企業規模越來越大、經營媒介越來越小。

一、什麼是阿米巴經營

「阿米巴」（Amoeba）在拉丁語中是單細胞原生生物的意思，屬原生生物變形蟲科，蟲體赤裸而柔軟，其身體可以向各個方向伸出偽足，使形體變化不定，故而得名「變形蟲」（如圖1-2 所示）。變形蟲最大的特性是能隨外界環境的變化而變化，不斷進行自我調整，以適應所面臨的生存環境。

企業組織也可以隨著外部環境變化而不斷「變形」，調整到最佳狀態，即能成為適應市場變化的靈活組織。

第一章　阿米巴的匯入與策略規劃

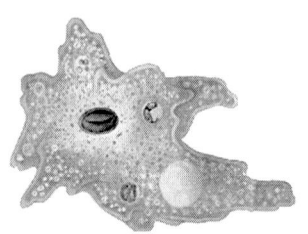

圖1-2　變形蟲

阿米巴經營的本質是指將組織分成小集團，每個小型組織都作為一個獨立的利潤中心，透過與市場直接連結的獨立核算制進行營運，培養具有管理意識的領導者，讓全體員工參與經營管理，從而實現「全員參與」。

比如製造部門的每道工序都可以成為一個阿米巴，業務部門也可以按照地區或產品，分割成若干個阿米巴。

阿米巴經營模式成功的關鍵，在於透過這種經營模式確立企業發展方向，並把它傳遞給每位員工。因此，必須讓每位員工深刻理解阿米巴經營的具體模式，包括組織構造、執行方式及其背後的思考方式。

> 思考：阿米巴經營模式為什麼能夠創造高收益？

憑藉阿米巴經營模式，稻盛和夫使日本京都陶瓷企業集團（以下簡稱京瓷）歷經現代史上4次經濟危機而屹立不搖。在

第一節　阿米巴經營的理念與實踐

1990 年代末期，亞洲金融危機過後，日本很多大公司都出現問題，原本名不見經傳的京瓷公司，成為東京證券交易所市值最高的公司。專家學者們紛紛開始研究京瓷公司，後來發現其經營方式與「阿米巴蟲」的群體行為方式非常類似，於是得名「阿米巴經營」。

關於阿米巴經營模式，我們更多人了解到的是稻盛和夫拯救日航的故事，再反過頭來了解他的京瓷和 KDDI 這兩家企業。

稻盛式阿米巴主要包括經營哲學、組織劃分、經營會計三方面的內容。

阿米巴經營之所以能獲得這麼好的效果，是因為阿米巴經營具備了最符合人性的三個字──「分、算、獎」，也可以用這三個字來高度概括阿米巴經營的內容。

「分」就是組織劃分。透過劃分阿米巴，讓每個人都關心利潤，全員經營，實現企業業績倍增。

「算」就是財務會計核算。透過阿米巴組織的會計報表、交易規則和定價等，讓每個員工都學會看數據進行經營。

「獎」就是阿米巴經營實施以後，回饋給阿米巴成員的一些獎勵機制。企業需要用明天的利潤激勵今天的員工。透過把數據變為金額，把交付變成交易，人人都會愛上阿米巴。

正因如此，才產生了一個連鎖效應，以至於東、西方很多

第一章　阿米巴的匯入與策略規劃

企業都在不斷地學習,並採用這種經營模式。

打個比方,我們搭乘的火車,往往是靠車頭的動力來拉動它後面的若干節車廂;而高鐵,每一節車廂都有自己的動力系統,因此能跑得更快,動力更強。傳統的企業管理模式,往往是由董事長、總經理來發號施令,從而帶動經理階層、員工階層,所以傳統企業的管理者就像火車頭。而阿米巴經營則不同,每一個阿米巴都強調獨立核算、自主經營,所以每一個阿米巴就像一節高鐵車廂,它們有自己的動力,但又不會脫軌,可以組合起來形成一列高鐵。這就是阿米巴經營能有這麼大功效的原因。

案例:

2015 年,Google 公司重組改名為 Alphabet,並將 Google 公司原有的 Google 搜尋、YouTube 影片平臺、研發部門 Calico 以及其他子公司打包進入 Alphabet。新公司採取控股公司結構,把過去的網際網路業務劃歸子公司。這個舉動讓許多人費解,卻很符合 Google 公司敢為人先的風格。這實際上是 Google 聯合創始人佩吉(Larry Page)和布林(Sergey Brin)的放權脫身及激勵內部創業措施。

在新 Alphabet 的大架構下,諸多子公司可以獨立營運。這種經營模式與日本京瓷、KDDI 公司的阿米巴經營模式名異實同。阿米巴經營模式就是對公司進行組織劃分,每一個組織獨立核算、獨立營運。一直走在時代前端的 Google 與日本「經營

第一節　阿米巴經營的理念與實踐

之聖」稻盛和夫不謀而合，再一次證明「是時代選擇了阿米巴」。

其實美國也有「大公司病」，Google 也不例外。當公司業務越來越多元，決策流程就連帶被拖長，無法做到小而專注，龐大的公司運轉跟不上快速變化的科技圈。因此，新 Google 透過新的架構，放權各子公司，每個公司擁有自己的 CEO，也就是阿米巴經營模式的主管。各子公司獨立營運後，各司其職，獲得更多的獨立發展空間，也可以更靈活管理和適應市場的新變化。佩吉希望重組可以讓 Alphabet（或者 Google）重新獲得「創業公司般的活力」。

筆者在「阿米巴經營──總裁公開課」上談到組織與策略時指出：「公司的發展需要由小到大，由大歸小的組織發展回歸，將大公司進行阿米巴劃分，重新賦予大公司創業時的活力。」阿米巴經營模式就是透過阿米巴組織的劃分，將公司建設成一個內部創業平臺，透過內部定價與核算，每個阿米巴獨立營運，就像一個個小公司，時時充滿活力。這正好是佩吉重組 Google 的期待。

以阿米巴經營模式來命名 Google 的重組，Alphabet 的每一個子公司就是一個獨立的阿米巴；佩吉與布林為諸多子公司挑選新 CEO，就是為每一個阿米巴挑選主管；每個子公司都獨立營運，就是讓每個阿米巴獨立核算、自負盈虧；佩吉和布林激勵內部創業措施，就是名副其實的阿米巴經營模式。

第一章　阿米巴的匯入與策略規劃

來自世界的東西兩端，新 Google 與稻盛和夫就這樣在不同的時空背景下不期而遇。

二、阿米巴經營的作用原理

(一) 阿米巴的經營目的

阿米巴經營模式是將領導力培養、現場管理和企業文化這三大企業管理的難題，集中在一起解決的偉大經營模式。阿米巴經營有五大目的：

(1) 實現全員參與的經營；

(2) 以核算作為衡量員工貢獻的重要指標，培養員工的目標意識；

(3) 實行高度透明的經營；

(4) 自上而下和自下而上的整合；

(5) 培養領導者。

(二) 實現阿米巴經營模式的五個基本條件

(1) 企業內部的信任關係。無論是阿米巴經營者還是員工，必須把經營建立在互相信任的基礎之上。

(2) 數據的嚴謹。保證數據嚴謹的關鍵，是經營者嚴肅認真的態度。各阿米巴對待數字必須要有嚴謹、追究到底的

精神。有了這種精神,才能發揮員工智慧,實現阿米巴經營模式。

(3) 及時把前線的數字回饋給現場。

(4) 時常檢查阿米巴是否符合工作特性(尤其是工作流程)。

(5) 員工教育。員工如果缺乏一定的知識,就無法根據經營數字發現問題並找到合理的解決方式。

(三) 稻盛和夫的經營哲學:敬天愛人

稻盛先生不僅是一位卓越的企業家,還是一位思想家,從企業家提升到思想家,是他的成功之本。把他的經營哲學集結成一點,就是「敬天愛人」。

「敬天」,就是按事物的本性做事。他堅持以「將正確的事情用正確的方式貫徹到底」為準則,提出了十二條經營原則,即:

(1) 確立事業的目的與意義;

(2) 設立具體目標;

(3) 胸中懷有強烈願望;

(4) 付出不亞於任何人的努力;

(5) 追求銷售最大化和經費最小化;

(6) 定價即經營;

(7) 經營取決於堅強的意志；

(8) 燃起鬥志；

(9) 拿出勇氣做事；

(10) 不斷從事創造性的工作；

(11) 要以關懷坦誠之心待人；

(12) 始終抱有樂觀向上的心態，懷有夢想和希望，以誠摯之心處世。

這十二條都是事物的本性要求，按這些本性要求去做事，則無往而不勝。

「愛人」，就是按人的本性做人。這裡的「愛人」，就是「利他」。以「他人」為主體，自己是服務於他人、輔助於他人的。對企業來說，就是「利他經營」，這個「他」，是指「客戶」。

(四)「身為人，何謂正確？」的人生哲學

稻盛和夫以「身為人，何謂正確？」這個人生哲學，作為企業經營哲學的起點，他給出的答案就是：「身為人，應該具有公平、公正、正義、勇氣、勤奮、謙虛、博愛、誠實等基本品德。」

記住，這是大多數人普遍的基本品德，而非特指優秀員工、優秀企業的高要求。其實，稻盛和夫的答案與中華傳統倫理要求的「仁、義、禮、智、信」和「溫、良、恭、儉、讓」如

第一節　阿米巴經營的理念與實踐

出一轍。

如果企業中的每一個人，包括員工和老闆，都建立正確的人生哲學，且爭取「做到應該能做到的，不做不應該做的」，那麼「人人成為經營者」也就為期不遠了。

「身為人，何謂正確？」的人生哲學適合普通人，當然也包括企業中的員工與老闆。那麼，推而進之，「身為員工，何謂正確？」的工作哲學，就大大縮小了適用對象的範圍了。

> 思考：阿米巴經營哲學的內涵，你有哪些深刻的感悟？

如果每個職位的人都能拷問自己：身為員工，何謂正確？身為董事長，何謂正確？身為成本會計，何謂正確？身為應徵主管，何謂正確？身為工程師，何謂正確？身為採購經理，何謂正確？有所為，有所不為；君子愛財，取之有道……那麼正確的工作哲學就已經建立起來了。

三、阿米巴經營的價值

1. 員工價值

企業匯入阿米巴經營模式後，員工將轉型為阿米巴經營者。企業員工的經營思想、知識水準、業務能力、工作效益與

第一章　阿米巴的匯入與策略規劃

品質、經營作風、應變能力等，將產生重要的價值。企業員工直接決定企業為顧客提供的產品與服務的品質，決定顧客購買總價值的大小。

2. 策略價值

企業實施阿米巴經營模式後，將確立發展方向，制定競爭策略，幫助企業拓展產品或服務的行銷管道與行銷方式，從而大大提升銷售收入，進而把企業帶入快速成長的藍海領域。根據企業策略重新設計組織架構、優化運作流程，使企業能有效率、穩健地運作，徹底解放企業生產力、解放老闆。一批綜合素養較高的人才將脫穎而出，且還不斷地裂變與培養，為企業源源不斷地提供具有經營意識的人才。

3. 迭代價值

企業匯入阿米巴經營模式後，透過劃分若干個產品阿米巴，重視技術研發，推動產品更新迭代，從而實現行業突破性創新，創造更強大的產品競爭力。在產品快速迭代的過程中，產品阿米巴扮演著重要角色。

4. 企業更新價值

企業匯入阿米巴經營模式後，能夠把企業不斷壯大；把阿米巴做成合夥制，能夠讓企業長久。

> 思考：你的公司中，是否已經具備以上四種價值？

四、阿米巴助力實現「幸福型企業」

每個企業家對企業都有一個夢想，就是能營造一個「幸福型企業」，無論老闆或員工，每個人都有幸福感，自己盡心竭力，員工熱情洋溢。而阿米巴經營模式的匯入，能夠幫助企業家們營造「幸福型企業」。

「幸福型企業」就是以哲學為指導思想，同時需要具備兩個要素——企業要滿足員工日益增加的物質文化需求；員工要不斷滿足企業日益發展的科技和管理需求。這兩方面是對立、統一的矛盾，缺一不可，互為影響，是構成「幸福型企業」的重要元素。

第一，透過科學管理體系，細分組織和建立經營會計，實現利潤最大化；透過哲學共有體系，持續培訓、重塑價值觀念，實現責任最大化。

第二，當企業獲得良性發展後，員工幸福感展現在：物質豐富、精神充實；客戶幸福感展現在：品質提升、價格合理；股東幸福感展現在：獲益率高、收益持續；社會幸福感展現在：合作雙贏、公益貢獻。這就是阿米巴經營的最終目標——建

第一章　阿米巴的匯入與策略規劃

構「幸福型企業」（如圖 1-3 所示）。

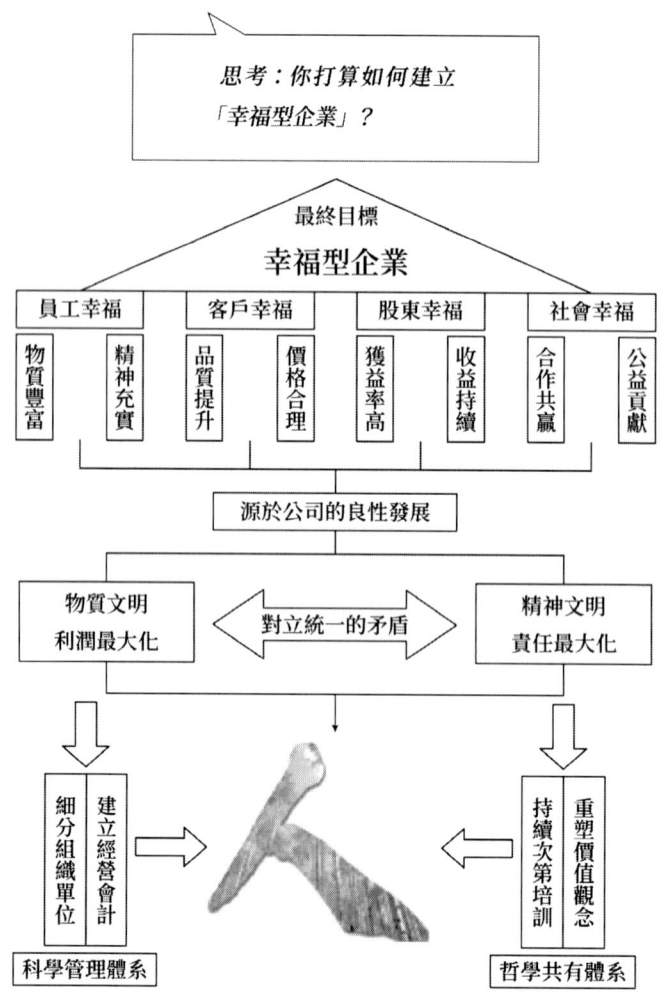

圖 1-3　幸福型企業的直觀圖

五、阿米巴經營成功的核心動力

阿米巴經營模式成功的核心動力是什麼呢?我們舉個例子來說明。

一家製造型企業,研發設計好了就交付製造,製造生產好了就交付銷售。它們只有數量和時間概念,沒有金額、單價概念。而阿米巴經營模式與傳統經營模式最大的不同在於:阿米巴經營強調把「交付轉化為交易」,這是阿米巴經營最核心的部分。交易是在數量、時間和單價方面做平衡,而交付僅僅是數量和時間的平衡。阿米巴經營透過從交付到交易的改善,實際上就實現了從數量到金額的改善,這個改善是阿米巴經營是否能成功的關鍵因素。

從交付到交易,也是阿米巴經營模式成功的核心動力。

交付 = 數量 × 時間

交易 = 數量 × 時間 × 單價

第二節　公司策略管理

提示:

本節要求深刻理解策略與組織變革的關係,能做出相應的成果方案,為組織架構設計奠定基礎。其他內容要求理解。

第一章 阿米巴的匯入與策略規劃

美國管理學者錢德勒（Chandler）說「策略決定結構，結構追隨策略」。策略發生變化，企業能力相應調整，組織的結構就要相應變革。結構的變革要確定策略要求的是部分改造，還是重新設計。

一、策略整理與組織變革的關係

（一）企業策略決定組織架構，組織架構承載企業策略

企業根據外界環境的要求去制定策略，然後再根據新制定的策略來調整原有的組織結構。企業所擬定的策略決定組織結構類型的變化。當企業確定策略之後，為有效地實施策略，必須分析和確定實施策略所需要的組織結構。如圖 1-4 所示：

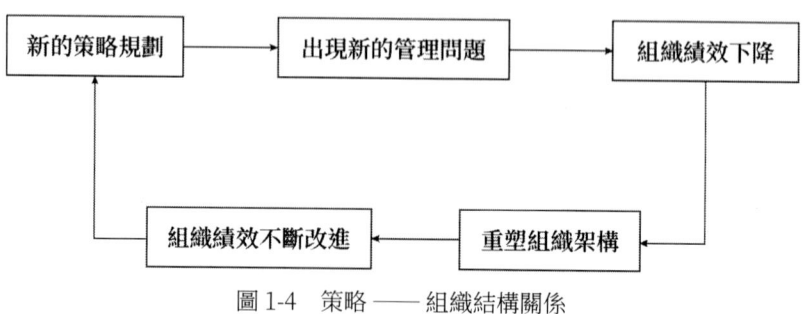

圖 1-4　策略 —— 組織結構關係

有什麼樣的企業策略目標，就有什麼樣的組織結構，同時，企業的組織結構又在相當程度上對企業的發展目標和政策產生很大的影響，並決定著企業各類資源的合理配置。所以，

企業組織結構的設計和調整，要尋求和選擇與企業經營策略目標相匹配的結構模式。無論是採用職能式或阿米巴式的組織結構，還是按照區域劃分阿米巴或按照客戶劃分阿米巴，一切都應當從企業的發展目標出發。

(二) 策略調整的幅度決定組織變革的幅度

在設定和調整組織結構時，首先要確定企業發展的總體策略目標及其發展方向和重點。企業在不同的發展階段，應有不同的策略目標，其組織結構也應做出不同的調整。企業組織結構的調整是企業策略實施的重要環節，同時也決定著企業資源的配置。企業在進行組織設計和調整時，只有對本企業的策略目標及其特點進行深入的了解和分析，才能正確掌握企業組織改革的方向。

例如，日本豐田汽車公司提出了「逢山必有路，有路必有豐田車」的策略目標，倡導以「降低成本獲勝」，其組織結構更加側重於生產過程的有效控制；而德國的賓士汽車公司以提高產品的科技含量為導向，確定了「領導世界汽車新潮流」的總體發展策略，其組織結構更加強調科技研發的重要地位和作用。

根據組織變革幅度的大小，可以分為三個級別，見表1-1：

第一章　阿米巴的匯入與策略規劃

表 1-1　組織變革幅度

方式	幅度	要點
改良	小	條件：企業的策略方向正確，業績相對穩定
改良	小	目的：做加法，優化和改良公司現有狀態
改革	中	條件：公司策略方向基本上正確，但存在低效率、高損耗等諸多「病症」
改革	中	目的：加、減法並用，實現內部效率提升
改革	中	措施：調整商業模式、業務流程和分配規則
顛覆	大	條件：目前或未來面臨環境巨變，或遇到嚴峻挑戰
顛覆	大	目的：做乘除法，做脫胎換骨式的改變
顛覆	大	措施：重塑商業模式，打破既得利益格局，業務與遊戲規則重新洗牌

(三) 操作與演練

思路：

從環境（包括內、外環境）分析到公司策略整理，最後盤點公司組織變革的幅度（如圖 1-5 所示）。

圖 1-5　組織變革思路

第二節 公司策略管理

注：不要求精確，主要是整理思路。

步驟1：公司目前面臨的經營環境怎樣，未來會有哪些變化？見表1-2。

表1-2 經營環境分析

	公司目前面臨的經營環境	公司未來將會面臨的經營環境
外部環境	政治 經濟 社會 技術 網際網路 競爭對手	政治 經濟 社會 技術 網際網路 競爭對手
內部環境		
其他重要影響因子		

步驟2：面對環境變化或挑戰，公司有哪些策略調整？見表1-3。

表1-3 公司策略整理

總體調整	具體領域	調整幅度	說明
		大□ 中□ 小□	
		大□ 中□ 小□	
		大□ 中□ 小□	

◆ 第一章　阿米巴的匯入與策略規劃

步驟 3：與公司策略相一致，公司組織變革幅度是什麼？有沒有時間表和相應措施？見表 1-4。

表 1-4　公司組織變革時間表

時間	調整思路	措施
目前	改良□ 改革□ 顛覆□	
中期	改良□ 改革□ 顛覆□	
長期	改良□ 改革□ 顛覆□	

成果 1 　公司策略整理與組織變革分析					
環境分析	策略調整	組織變革	具體領域	備注	

注：不要求精確，主要是整理思路。

二、從結構跟隨策略到結構引導策略的深刻變革

透過整理很多大型企業的組織變革，我們發現，以往通常是組織結構追著策略跑，先確定企業策略，然後相應調整組織結構。

這適用於以前相對穩定的競爭環境，今天，可以增加一種思路。隨著行動網路時代的到來，企業競爭環境開始充滿不確定性，企業無法確定產業的下一波浪潮和下一個趨勢。此時的策略制定者往往也看不清前行的方向。策略的不確定性越來越大，變動越來越頻繁，企業制定策略的難度空前增加，這就需要適應能力強的阿米巴組織來引導企業策略的生成。

> 思考：網際網路時代，策略生成的方式多樣，對公司的決策體系有何新要求？

為此，一些企業匯入了阿米巴經營模式，建立探索和孵化創新的阿米巴小組織，來感知新的產業趨勢，或是透過覆蓋廣闊生態體系的阿米巴分工體系，全面伸出觸角，探測各個領域的新機會，從而為企業尋找最合適的策略之路。由此開始了從結構跟隨策略到結構引導策略的深刻變革。

三、組織結構策略性調整引發流程改組

組織結構的策略性調整會引發組織流程的改組和業務調整，並對流程效率提出要求。

流程改組大多表現為業務調整，主要涉及：

第一章　阿米巴的匯入與策略規劃

(1) 集團公司下屬阿米巴的數量；

(2) 由產品類別所限制的阿米巴的數量；

(3) 企業各級阿米巴的數量；

(4) 職能部門的數量；

(5) 組織層次的數量；

(6) 阿米巴組織或員工的數量；

(7) 裝置及生產線的數量等。

第三節　企業策略解構和推演

策略規劃，就是制定組織的中、長期策略目標，並形成策略方案。策略規劃首先要確定的是立足企業使命和願景下的企業發展策略定位。同時要闡明企業存在的理由，並考量策略管理的前瞻性、系統性、動態性、複雜性，策略目標的可達成性，並具有能夠指導全域性的整體性。具體規劃內容如圖 1-6 所示。

策略領先一步，競爭更勝一籌。策略管理的水準，相當程度決定了公司的營運業績和長期價值的提升。

第三節　企業策略解構和推演

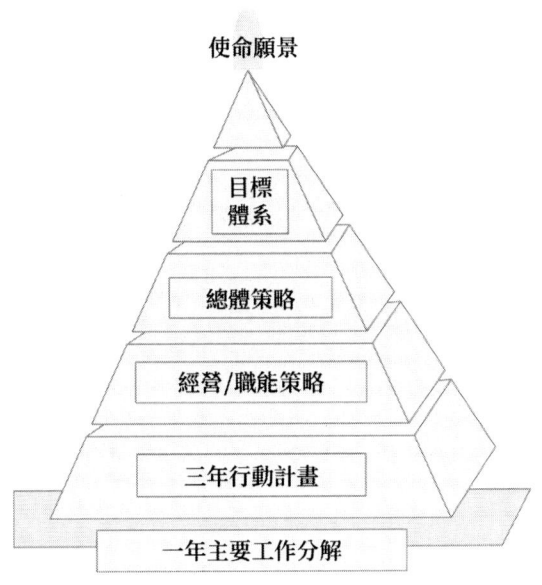

圖1-6　企業策略規劃

一、策略規劃解構

企業策略規劃，要考量天時地利人和，也要做到知己知彼，方能百戰不殆。天時，主要是宏觀層面，例如產業、行業規律、趨勢等。地利，展現在中觀層面，即策略目標、策略定位、商業模式和區域布局等。人和，就是從微觀、具體層面改善，例如人、財、物資源配置、機制保障等。如圖1-7所示。

◆ 第一章　阿米巴的匯入與策略規劃

圖 1-7　整體策略推演邏輯

操作：

從天時、地利、人和的角度進行策略推演。

二、策略規劃實現 PDCA 的步驟

策略規劃過程分為四個階段,各階段間是層層遞進的邏輯關係,最終實現 PDCA 的計畫循環。

第一個階段就是進行現狀調查、研究和內外環境分析,即對策略環境進行分析和預測、內部管理問題剖析等。

第二個階段就是要制定發展策略規劃,以及 SBU 發展及競爭策略。進行現狀調查、研究和策略環境分析以後,考慮使用什麼方式、什麼措施、什麼方法來達到策略目標,這就是策略規劃。

第三個階段是組織策略保障,透過制定企業管控模式,優化組織結構,根據策略需求完善策略支撐體系的規劃等。

第四個階段是策略實施。企業需要進行策略規劃宣傳、策略實施輔導、策略績效評測和策略調整等。

操作:

按照策略規劃的四個階段,分步驟實現公司的 PDCA 計畫循環。

三、SWOT 綜合分析

我們利用「SWOT 分析矩陣」,綜合分析公司內部的優勢、劣勢,以及面臨的機遇和威脅。

第一章　阿米巴的匯入與策略規劃

SWOT 分析法 —— 在企業綜合策略分析方面的應用（如圖 1-8 所示）。

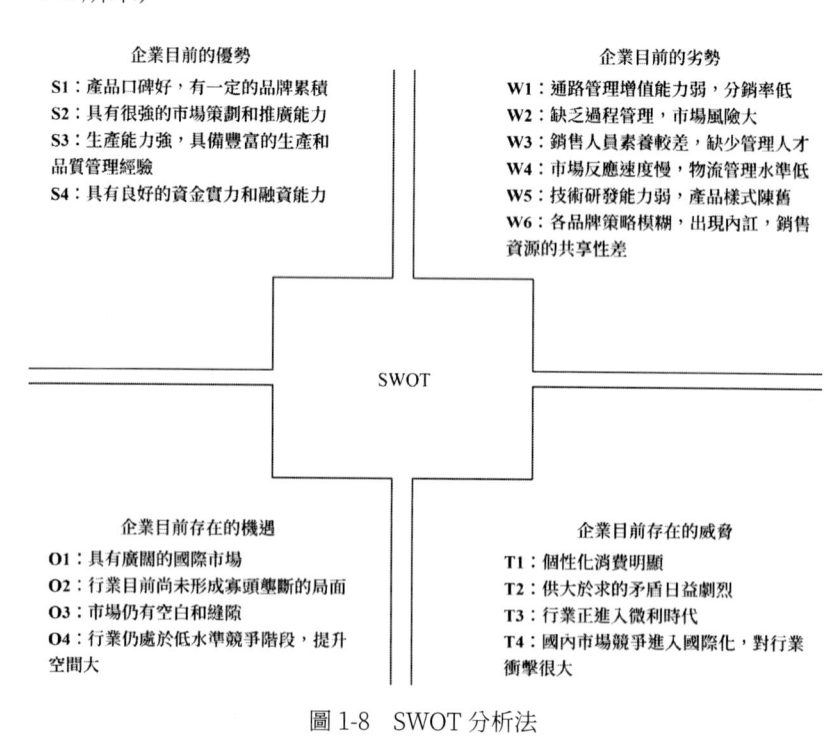

企業目前的優勢
S1：產品口碑好，有一定的品牌累積
S2：具有很強的市場策劃和推廣能力
S3：生產能力強，具備豐富的生產和品質管理經驗
S4：具有良好的資金實力和融資能力

企業目前的劣勢
W1：通路管理增值能力弱，分銷率低
W2：缺乏過程管理，市場風險大
W3：銷售人員素養較差，缺少管理人才
W4：市場反應速度慢，物流管理水準低
W5：技術研發能力弱，產品樣式陳舊
W6：各品牌策略模糊，出現內訌，銷售資源的共享性差

SWOT

企業目前存在的機遇
O1：具有廣闊的國際市場
O2：行業目前尚未形成寡頭壟斷的局面
O3：市場仍有空白和縫隙
O4：行業仍處於低水準競爭階段，提升空間大

企業目前存在的威脅
T1：個性化消費明顯
T2：供大於求的矛盾日益劇烈
T3：行業正進入微利時代
T4：國內市場競爭進入國際化，對行業衝擊很大

圖 1-8　SWOT 分析法

操作：

從體制、產品、行銷能力、資金成本、標準化等方面用 SWOT 分析法分析公司面臨的機遇與挑戰。

第四節　策略目標分解路徑

企業的策略制定和實施過程，其實就是目標分解的過程，並且遵循從上而下的原則。企業制定策略目標後，把它進行分解，逐級確定目標的責任主體，以確保目標的實現。當外部環境產生變化時，企業就要對策略目標進行調整，進而也要調整策略措施。

策略目標分解，首先將總體策略目標分解為各年年度策略目標，然後各年再將年度策略目標分解為季度目標、月度目標；其次將企業策略目標分解為部門策略目標，然後部門將目標層層分解到個人。策略目標分解使企業各部門、各層級人員對企業的策略有清晰明確的了解，同時也確立了個人的目標，將員工的奮鬥目標與企業的策略目標緊密地結合。

策略目標分解可藉助策略地圖，策略地圖是指導企業落實策略的重要工具。在繪製策略地圖時，必須包括財務、客戶、營運和成長四個層面，然後將策略目標分別納入四個層面中，形成策略地圖的雛形。之後透過對策略地圖中分布於不同位置的這些策略目標進行因果和支撐關係的分析，進一步篩選和補充相應的策略目標，並透過連結，顯示它們之間的關聯，最終為企業建立一個系統性的策略組合。

第一章 阿米巴的匯入與策略規劃

【範例1】某地產公司的策略地圖（如圖1-9所示）

策略願景：成為新型城鎮化千億投資集團

策略目標：
- 2016～2020年：年增速不低於30%，2020年實現收入500億元
- 2020～2025年：年增速不低於20%，2025年實現收入1000億元

發展策略：

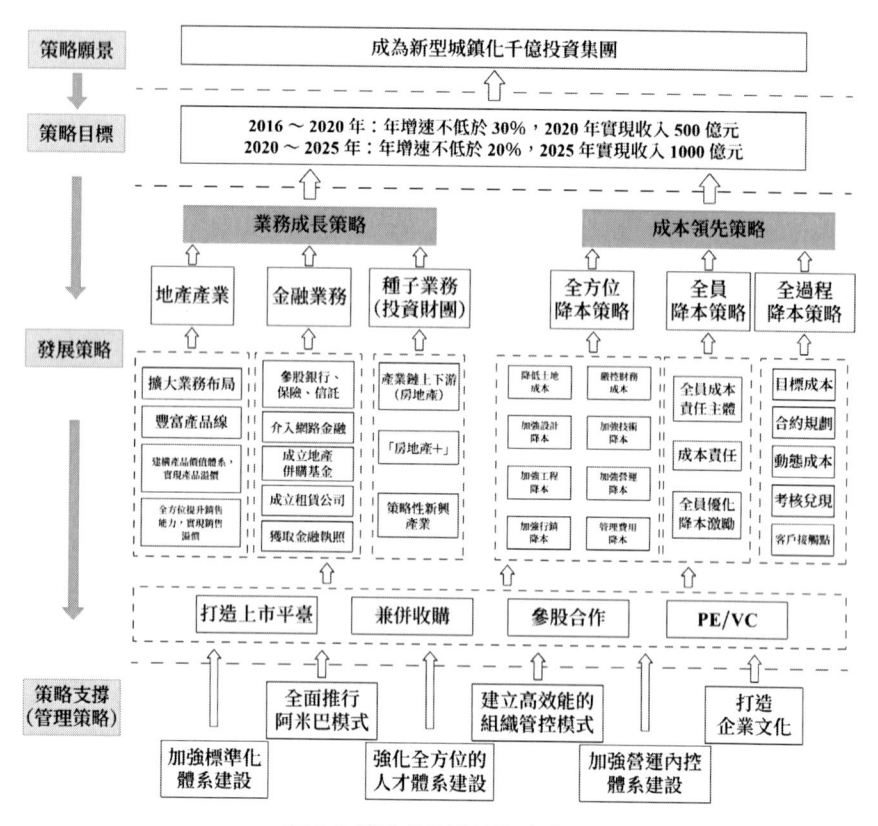

業務成長策略：
- 地產產業
  - 擴大業務布局
  - 豐富產品品線
  - 建構產品價值體系，實現產品溢價
  - 全方位提升銷售地力，實現銷價溢價
- 金融業務
  - 參股銀行、保險、信託
  - 介入網路金融
  - 成立地產併購基金
  - 成立租賃公司
  - 獲取金融執照
- 種子業務（投資財團）
  - 產業鏈上下游（房地產）
  - 「房地產＋」
  - 策略性新興產業

成本領先策略：
- 全方位降本策略
  - 降低土地成本
  - 加強設計降本
  - 加強工程降本
  - 加強行銷降本
- 全員降本策略
  - 剛性財務成本
  - 加強投融降本
  - 加強營運降本
  - 管理費用降本
- 全過程降本策略
  - 全員成本責任主體
  - 成本責任
  - 全員優化降本激勵
  - 目標成本
  - 合約規劃
  - 動態成本
  - 考核兌現
  - 客戶接觸點

打造上市平臺 ｜ 兼併收購 ｜ 參股合作 ｜ PE/VC

策略支撐（管理策略）：
- 全面推行阿米巴模式
- 建立高效能的組織管控模式
- 打造企業文化
- 加強標準化體系建設
- 強化全方位的人才體系建設
- 加強營運內控體系建設

圖1-9 某地產公司的策略地圖

第四節 策略目標分解路徑

【範例2】某地產公司 5～10 年的策略目標（如圖 1-10 所示）

2020 年策略目標（557 策略）	2025 年策略目標（雙千億）
未來 5 年實現： (1) 主業簽約 500 億元，年複合成長率達到 30%以上 (2) 總資產 700 億元 (3) 進入房地產行業前 30 大 (4) 資產管理規模達到 300 億元 (5) 打造全國房地產知名品牌	(1) 產值收入超過千億：房地產簽約達到 700 億元，進入行業前 25 大；資產管理規模達到 500 億元，成熟的投資平臺，打造 3（住宅、商業、金融）+X 個業務板塊，並積極培育、打造 3 個新上市平臺 (2) 總資產超過千億 (3) 房地產市值達到 500 億元 (4) 全國知名的投資財團，產業結構更加均衡

圖 1-10 某地產公司 5～10 年策略目標

成果 2　5 年策略目標 —— 總體策略目標	
2025 年策略目標	2029 年策略目標

操作與演練

如表 1-5～表 1-8 所示，進行公司的策略目標分解。

1. 5 年策略目標分解 —— 銷售額（見表 1-5）。

表 1-5 銷售額成長目標

指標	2025 年	2026 年	2027 年	2028 年	2029 年	2030 年
銷售額						
複合成長率						

2. 5 年策略目標分解 —— 關鍵指標控制（見表 1-6）。

第一章　阿米巴的匯入與策略規劃

表 1-6　關鍵指標控制目標

關鍵指標	百分比
平均銷售淨利率	
銷售規模年複合增值率	
資產負債率	

3. 5 年策略目標分解——資產（見表 1-7）。

表 1-7　資產成長目標

項目	2025 年	2026 年	2027 年	2028 年	2029 年	2030 年
資產總額						
資產總額複合成長率						
淨資產						
負債率						

4. 5 年策略目標分解——現金流（見表 1-8）。

表 1-8　現金流成長目標

現金流鋪排	2025 年	2026 年	2027 年	2028 年	2029 年	2030 年
期初現金餘額						
年初未回款						
當年銷售額						

現金流鋪排	2025年	2026年	2027年	2028年	2029年	2030年
收入						
支出						
期末現金餘額						

第五節　策略定位與發展規劃

策略定位：發展方向是定性的，即朝哪裡走；目標位置是定量的，即我要走多遠。

在競爭對手如雲的情況下，企業必須找到一種方式，令自己與眾不同，這是成功定位策略的基礎。如果企業打算打開市場，需要一個核心定位，就是全域性的中心，這便是策略定位。策略定位是一個「自上而下」的過程。

◆ 第一章　阿米巴的匯入與策略規劃

一、進行系統的經營理念整理

將對公司的願景、使命和價值觀進行系統整理，使其成為能夠推動公司策略發展和實施的動力泉源，成為凝聚人心、共謀發展的文化紐帶和基礎。如圖 1-11 所示：

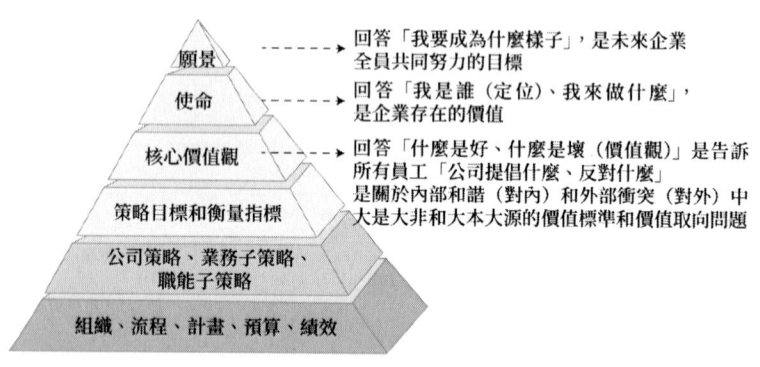

金字塔由上至下：
- 願景 ----→ 回答「我要成為什麼樣子」，是未來企業全員共同努力的目標
- 使命 ----→ 回答「我是誰（定位）、我來做什麼」，是企業存在的價值
- 核心價值觀 ----→ 回答「什麼是好、什麼是壞（價值觀）」是告訴所有員工「公司提倡什麼、反對什麼」是關於內部和諧（對內）和外部衝突（對外）中大是大非和大本大源的價值標準和價值取向問題
- 策略目標和衡量指標
- 公司策略、業務子策略、職能子策略
- 組織、流程、計畫、預算、績效

圖 1-11　公司經營理念

操作：

整理公司的經營理念。

二、企業使命、願景和策略的差別

> 思考：公司使命和願景延伸為什麼樣的策略？

企業進行策略定位，需要了解使命、願景和策略的差別。

第五節 策略定位與發展規劃

如圖 1-12 所示：

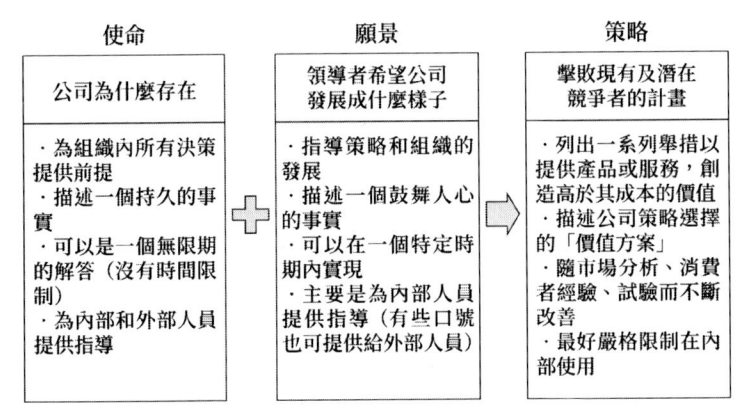

使命	願景	策略
公司為什麼存在	領導者希望公司發展成什麼樣子	擊敗現有及潛在競爭者的計畫
・為組織內所有決策提供前提 ・描述一個持久的事實 ・可以是一個無限期的解答（沒有時間限制） ・為內部和外部人員提供指導	・指導策略和組織的發展 ・描述一個鼓舞人心的事實 ・可以在一個特定時期內實現 ・主要是為內部人員提供指導（有些口號也可提供給外部人員）	・列出一系列舉措以提供產品或服務，創造高於其成本的價值 ・描述公司策略選擇的「價值方案」 ・隨市場分析、消費者經驗、試驗而不斷改善 ・最好嚴格限制在內部使用

圖 1-12　企業使命、願景和策略的差別

三、發展策略定位

基於對行業發展趨勢和公司發展方向的認真考量與分析，確定公司的「發展方向與目標位置」。

> 思考：如何進行你公司的策略定位？

四、策略目標設定體系

根據公司自身的資源優勢與管理能力分析，確定公司發展的總體目標，並將總目標分解到 SBU，設定各階段的具體目標。

成果 3　發展策略目標規劃

產業板塊（SBU）	發展策略目標		
	短期目標	中期目標	長期目標

五、按階段設定策略任務

制定公司各發展階段的「策略任務」，使策略實施在不同階段均具有明確的主題和要求。

六、制定 SBU 發展策略

針對公司現有的業務形態，制定出各產業板塊（或業務團隊，即 SBU）的具體發展策略，如積極推進策略、優化發展策略、適度發展策略、逐步退出策略……

操作：

制定 SBU 發展策略。

七、主營業務模式優化設計

根據主營 SBU 策略方案，確定現有 SBU 中的哪些業務保

第五節　策略定位與發展規劃

留、哪些業務抽離，進一步提出業務模式優化設計，強化策略的可操作性。

【範例】某地產公司總體發展模式：資本經營與產業經營相結合（如圖 1-13 所示）

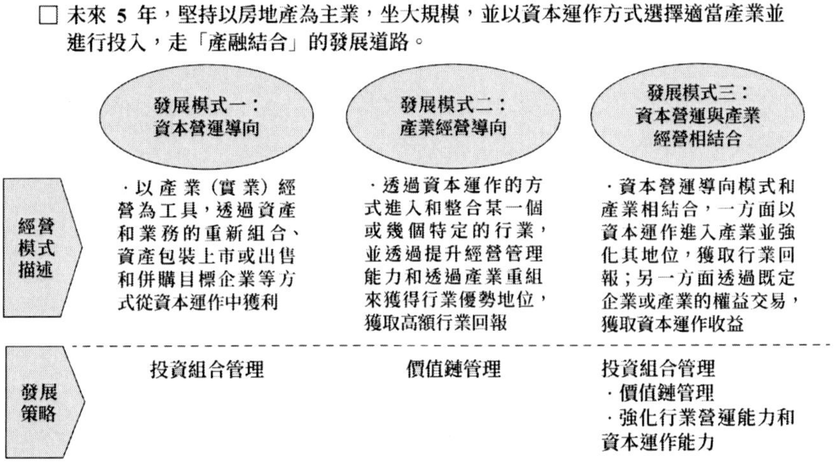

□ 未來 5 年，堅持以房地產為主業，坐大規模，並以資本運作方式選擇適當產業並進行投入，走「產融結合」的發展道路。

	發展模式一：資本營運導向	發展模式二：產業經營導向	發展模式三：資本營運與產業經營相結合
經營模式描述	・以產業（實業）經營為工具，透過資產和業務的重新組合、資產包裝上市或出售和併購目標企業等方式從資本運作中獲利	・透過資本運作的方式進入和整合某一個或幾個特定的行業，並透過提升經營管理能力和透過產業重組來獲得行業優勢地位，獲取高額行業回報	・資本營運導向模式和產業相結合，一方面以資本運作進入產業並強化其地位，獲取行業回報；另一方面透過既定企業或產業的權益交易，獲取資本運作收益
發展策略	投資組合管理	價值鏈管理	投資組合管理 ・價值鏈管理 ・強化行業營運能力和資本運作能力

圖 1-13　投資控股型企業集團通常的發展模式

八、業務模式優化設計

採用科學的分析方法，對眾多的業務進行對比分析，選擇那些與策略目標一致、市場前景好、自身優勢強的業務優先發展，便於集中資源優勢，減少浪費，達成策略目標。

♦ 第一章 阿米巴的匯入與策略規劃

九、業務策略發展規劃

> 思考：公司如何進行業務策略發展規劃？

為公司建構三個層面的業務策略發展模式，對當前「核心業務、新建業務（樹苗）和未來可選業務（種子）」進行三個梯度的策略規劃，為公司的可持續發展奠定基礎。

【範例】某地產公司總體發展規劃（如圖 1-14 所示）

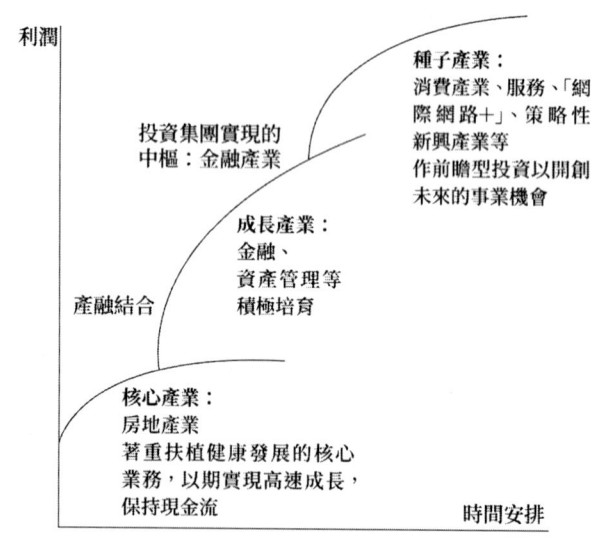

利潤

種子產業：
消費產業、服務、「網際網路＋」、策略性新興產業等
作前瞻型投資以開創未來的事業機會

投資集團實現的中樞：金融產業

成長產業：
金融、
資產管理等
積極培育

產融結合

核心產業：
房地產業
著重扶植健康發展的核心業務，以期實現高速成長，保持現金流

時間安排

圖 1-14　某地產公司總體發展規劃

第二章
設計阿米巴組織架構

第二章　設計阿米巴組織架構

在完成企業策略整理，重新設計企業組織架構，優化專案核心流程等任務的基礎上，匯入阿米巴組織劃分、阿米巴經營會計以及阿米巴人才激勵三大核心模組，以確保阿米巴經營模式能夠為企業帶來巨大的效益。

本章目標：

1. 了解：阿米巴經營相關概念和實踐經驗。
2. 理解：組織變革思路和阿米巴管理體系。
3. 掌握：阿米巴組織結構設計的程序。
4. 操作：如何設計支撐策略的新組織架構。

形成成果：

公司新組織架構圖。

第一節　組織變革更新的思路

提示：

本節內容學員理解即可，不要求操作和營運。

企業發展到一定階段後，往往會罹患「大企業病」：臃腫、官僚化、決策緩慢、部門之間彼此內訌、功臣文化盛行。面對產業變革的衝擊，很多企業意識到組織結構進化滯後的問題，管理者也能以壯士斷腕的勇氣，進行組織結構變革。

> 思考：你的公司是否有「大公司病」？
> 具體表現是什麼？

一、推倒金字塔：組織重心向前線阿米巴傾斜

很多大型企業，其組織結構往往是層級繁冗，回饋和執行鏈漫長的金字塔組織結構。這就導致企業無法感知市場變化，缺乏迅速應變的能力。

企業要及時感知、洞察市場的微妙需求，迅速行動，就必須在組織結構上重心下移，將權、責、利向前線阿米巴傾斜，讓驅動企業成長的發動機從領導者和總部變為各個阿米巴，乃至每個員工。

（1）授予前線經營組織更大的權力。因為前線最貼近市場，也往往是最能夠產生成長活力的地方。

（2）去除中間層級，縮短市場回饋鏈和執行鏈。加強組織執行力，防止決策訊息在層層下達中衰減。一些大型企業開始大幅度裁減、壓縮中間環節。

（3）將原有大組織進一步裂變、整合。把大公司拆成若干個獨立核算、自主經營的小經營組織，使每個經營組織都成為成長的發動機。高鐵為什麼快？因為它每節車廂下面都有一個馬達。

◆ 第二章　設計阿米巴組織架構

這些小經營組織互相合作，作為一個個節點，再黏合成網狀，有企業的大資源當後盾。整個組織運作以市場需求為牽引力，形成市場呼喚前線、前線呼喚後方的連鎖效應。

> 思考：如何將金字塔組織結構變為扁平化結構？

二、總部轉型 ── 從管理中樞到服務平臺

企業總部需要推進各個經營組織的知識與經驗共享，打造統一的資源平臺、制度平臺與策略平臺等。對前線作戰的經營組織而言，總部就是服務平臺。

總部的規模要精簡，但這並不意味著總部無用。總部的精力正從直接管理中抽出，放在打造系統平臺上，後者能帶來整個企業強大的合作效率。大型企業的總部注重推進各個業務部門的知識與經驗共享，打造統一的資源平臺、制度平臺與策略和融資平臺等。

> 思考：總部轉型，需要哪些策略與模式？

三、推倒內部的牆 —— 從分割到合作

傳統企業的組織結構金字塔化，部門之間互有隔閡，壁壘加深，組織活力在內訌中喪失。

企業需要打破內部壁壘，推進企業各個經營組織之間的橫向合作。

在打破部門邊界方面，共享平臺的崛起，產生了重要作用。透過共享平臺，大型企業打通各個部門的顧客或使用者數據，從而實現針對某一顧客群的各個業務部門之間的合作。

> 思考：你的公司為什麼缺乏活力？

四、重塑組織結構 —— 從封閉到開放

企業透過組織結構的調整開放企業邊界，將這些外部利益相關者真正納入到企業生態的中心，從而形成更強大的生態競爭優勢。打破企業邊界，建立更開放的組織結構，需要企業文化具備很強大的包容性。

五、價值鏈調整 —— 從分割走向整體

有的企業在發展的過程中，為了更有效地控制風險，並實現規模效應，曾經將一些業務部門的研發、生產、銷售等價值鏈環節切分出來，由上級部門或單獨的職能部門統一控制。

> 思考：什麼樣的組織結構能夠激發公司、激發員工？

面對激烈的跨界競爭，企業需要各個產品和服務部門的價值鏈成為一個整體，從而根據市場態勢及時調整，讓面向市場的經營組織真正擁有對各個節點的話語權。

> 思考：企業如何應對未來的競爭？

案例：

奇異公司（General Electric Company）是世界上最大的提供技術和服務業務的跨國公司之一。目前，公司業務遍及世界100多個國家，擁有員工31.5萬人。

奇異組織的結構變化，主要經歷五個階段：

階段一：分權的事業部制

奇異公司所面臨的環境：1950年代初，由於奇異公司的經

營多樣化，品種規格繁雜，市場競爭激烈，因此要求奇異公司注重各國的差異性、靈活性，對市場需求做出及時反應。

奇異公司採取的策略 —— 多國策略。

奇異公司採用的組織結構 —— 分權的事業部制。公司的組織結構共計分為 5 個集團、25 個分部和 110 個部門。

階段二：分權的事業部制繼續擴張

奇異公司所面臨的環境：自 1967 年以後，公司的經營業務迅速成長，幾乎每一個集團的銷售額都達到 16 億美元。業務擴大以後，原有的組織已無法適應。

奇異公司採取的策略 —— 多國策略。

奇異採用的組織結構 —— 把 5 個集團擴充成 10 個，把 25 個分部擴充為 50 個，110 個部門擴充至 170 個；還改組了領導機構的成員，指派 8 位新的集團總經理、33 個分部經理和 100 個新的部門主管。

階段三：策略事業團隊

奇異公司面臨的環境：1960 年代末，奇異在全球市場上遇到了西屋電氣公司（Westinghouse Electric）的激烈競爭，公司財政一直在赤字上搖擺。奇異力求開拓全球市場，開發全球性產品，提高效率。

奇異公司採取的策略 —— 全球策略。

◆ 第二章　設計阿米巴組織架構

　　奇異公司採用的組織結構──策略事業團隊。這種策略事業團隊是獨立的組織，可以在事業部內有選擇地對某些產品單獨管理，以便將事業部的人力、物力，機動、有效地集中分配使用。對各種產品、銷售、裝置和組織，編製出最嚴密的、有預見性的策略計畫。如圖 2-1 所示。

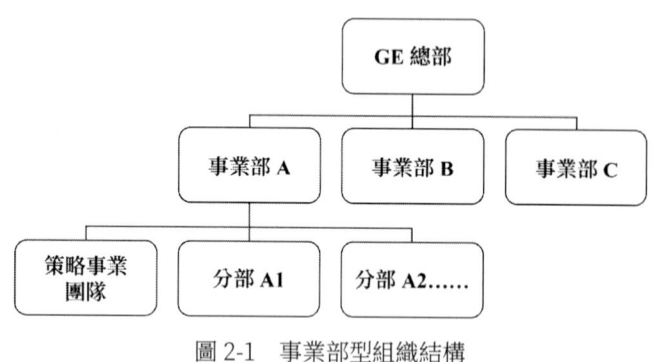

```
                    GE 總部
                       │
         ┌─────────────┼─────────────┐
       事業部 A      事業部 B       事業部 C
         │
    ┌────┼────┐
  策略事業  分部 A1  分部 A2……
   團隊
```

圖 2-1　事業部型組織結構

階段四：超事業部制

　　奇異公司所面臨的環境：1970 年代中期，美國經濟又出現停滯，奇異公司認為 80 年代可能會出現長時期的經濟不景氣。

　　奇異公司採取的策略──全球策略。

　　奇異採用的組織結構──超事業部制。在各個事業部上再建立一些超事業部，來統轄和協調各個事業部的活動。

階段五：組織扁平化和無疆界組織

　　奇異公司所面臨的環境：1980 年代，奇異成為多元化的大

企業，350個事業部門、43個策略部門，龐大的多元事業，幾乎涉獵所有行業。此時處於平穩的時期，但內部橫亙著組織階級，甚至可以說是官僚體系。

奇異公司採取的策略──跨國策略。

奇異採用的組織結構──組織扁平化、無疆界組織。

組織變革的分析

奇異公司的成功，源於內部組織的變革，適應了公司整體策略發展的需求。

事業部制的組織結構實行決策分權，將權力在較低的層級聚合，鼓勵靈活性和變革，因而更能適應外部環境的變化。

跨職能的高度協調，確保了組織執行的成果。

第二節　組織優化的核心原則

組織結構是一個組織能否實現內部高效能運轉、能否獲取良好績效的先決條件。但組織架構不是「自發演變」的，在一個組織中，自發演變的只有混亂、摩擦和不良績效，所以設計阿米巴組織架構需要思考、分析和系統的研究。

企業設計阿米巴組織結構時，需要發現組織結構中「承擔重任」的部分，即各項關鍵活動。阿米巴組織結構設計可以從

第二章　設計阿米巴組織架構

以下幾個問題開始：①為了達到公司的目標，必須在哪個領域有出色的表現？②哪些領域的績效不佳，會影響到企業的成果，甚至會影響企業的存在？在本企業中，真正具有重要性的價值是什麼？

上述兩個問題，有助於辨識出關鍵活動，企業需要辨識和界定這些關鍵活動，並把它們配置在組織的核心地位。

一、企業組織結構的演變規律

企業組織結構的演變過程，本身就是一個不斷創新、不斷發展的過程。當前，金字塔式的層級結構已不能適應知識經濟時代的要求。目前企業發展已經呈現出顧客主導化和員工知識化等特點。

企業組織形式必須是彈性和分權化的。現代企業推崇流程再造、組織重構，以客戶的需求和滿意度為目標，對企業現有的業務流程進行根本性的再思考和徹底重建，利用先進的製造技術、資訊技術以及現代化的管理方式，最大限度地實現管理上的職能整合，以打破傳統的職能型組織結構，建立全新的過程型組織結構，從而實現企業經營成本、品質、服務和效率的巨大改善，以更能適應以顧客、競爭、變化為特徵的現代企業經營環境。

第二節 組織優化的核心原則

二、組織優化核心原則

組織優化原則，總結為客戶導向、流程導向、策略導向、扁平化原則和職能部門平臺化等（如圖 2-2 所示）。

思考：企業組織如何優化才更合理？

客戶導向	「銷售、技術、工程、生產、售後」如何有效的配合
流程導向	職能分工整合，以流程高效能為原則，減少流程部門間節點，提高流程執行效率
策略導向	根據策略目標匹配職能設置，支撐策略性目標實現
扁平化原則	滿足阿米巴獨立核算機制建設需求，業務團隊直接面對客戶，分權式經營，業務團隊獨立核算，減少縱向管理層級
職能部門平臺化	減少職能部門設置，集中化、平臺式運作，提升合作效率；去官本位，減少管控職能，強化支持業務服務性職能、資源性職能建設

圖 2-2 組織優化核心原則

◆ 第二章　設計阿米巴組織架構

第三節　組織演進指向 ── 阿米巴

提示：

本節內容要求學員理解，不要求做相關操作和運用。

組織反應遲鈍、決策僵化、形態笨重……是傳統企業面臨的轉型困境。市場環境一直在快速變化，幾輪商業邏輯迭代之後，很多企業發現，自己由原本是市場上的王者，逐漸變成了配角，而配角的地位還處於危機狀態。

網際網路時代已經改寫了商業的底層邏輯，企業要謀求更長遠的發展，必須走上組織變革之路，啟用阿米巴組織成為組織轉型的主流。事實上，這種組織轉型潮流之前，早就有勇於打破組織邊界的探索者。

例如，傑克‧威爾許（Jack Welch）實踐的「無疆界組織」（Borderless Organization），它們實行了一種以企業轉型為平臺、員工轉型為「創造者」的組織形態。一夜之間，彷彿所有行業大廠，都想把自己「撕碎、重組」。他們知道傳統的組織結構和經營模式，已經不能適應這個變化多端的市場，必須啟用業務團隊，甚至個人的活力！

組織扁平化、平臺化、有機化，是阿米巴要研究的對象，也是阿米巴落地的必然成果。

第三節　組織演進指向─阿米巴

時代選擇了阿米巴，阿米巴是企業組織演進的方向！如圖 2-3 所示。

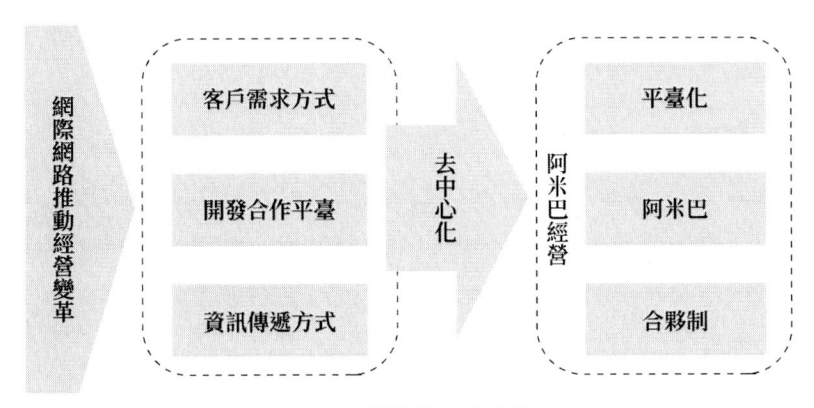

圖 2-3　組織演進方向示意圖

一、組織扁平化

(一) 組織橫向：去中心化，淡化邊界

隨著網際網路技術的發展、智慧製造等新興生產方式的出現，企業組織流程和管理模式發生很大的創新，去中心化已經成為企業變革的重要趨勢之一。

去中心化，即在企業內部，員工以阿米巴經營團隊、專案組、事業部等形式，或者按一定組織行為，組成數量眾多的業務組織。這些阿米巴組織大小不一，可以獨立核算、自主經營，在公司內部形成「百舸爭流」的局面。

第二章　設計阿米巴組織架構

在橫向關係方面，各阿米巴均為利潤中心，實行獨立核算。也就是說，實行阿米巴經營模式，意味著把市場機制引入企業內部，各阿米巴之間的經濟往來，將遵循等價交換原則，結成商品貨幣關係。

各阿米巴負責人、團隊成員進行雙向選擇，以決定團隊的人員組成。為了某個業務目標，團隊人員在一定時期內是穩定的；一旦專案結束或失敗，團隊既可以自行解散，也可以重新組建。業務組織更多以團隊、小組相稱，而不是有明顯邊界的部門。

第一，客戶個性化需求決定了企業必須去中心化。

網際網路技術改變了使用者的資訊能力，使市場環境發生重大變化，以企業為中心的研發、生產、銷售的傳統格局，轉變為以客戶為中心的新格局。在此背景下，企業需要以客戶為導向、以需求為核心，進行組織變革和經營變革，使每個員工成為利潤中心，直至組建阿米巴，從而直接面對客戶，獨立自主地經營。

第二，開放合作平臺，促使企業去中心化。

網際網路技術的發展，使企業建立了開放合作平臺，整合內、外部資源，促進客戶深度參與、產業鏈上下游團隊高度合作，充分提升企業各部門、每位員工的積極度和創造力，實施深度合作，縮短產品研發週期，增加企業對市場的快速反應能力。

第三節　組織演進指向—阿米巴

第三，網際網路資訊傳遞方式大幅提升組織效率，有力支撐企業去中心化。

以前，傳統企業都用單點式資訊傳遞方式；但在行動網路時代，資訊傳遞方式轉變為網路化、扁平化、同步快速化，將提升阿米巴組織獲取、分享、溝通資訊的效率，降低成本，使各阿米巴組織之間能發揮合作效應，行使其自主經營、決策等權力。

(二) 組織縱向：扁平化，簡化層級

蘋果、微軟、Google、Meta、亞馬遜、甲骨文……這些世界知名的公司，除了創新，另一個共同點，就是採用了扁平化的組織結構。可以說，這些企業快速創新、氛圍自由的特點，與這種組織形式密不可分。

傳統組織的特點表現為層級結構。一個企業的高層、中層、基層管理者，形成一個金字塔式的組織。當企業規模擴大時，有效方法是增加管理幅度。也就是說，當管理層次減少而管理幅度增加時，金字塔狀的組織就被「壓縮」成扁平狀的組織形式。它的優點很明顯，能讓層級更簡單、降低溝通成本、實現更高的效率。

扁平化組織，需要員工打破原有的部門界限，簡化層級，直接面對客戶和向公司總體目標負責。在組織平臺的支持下，

第二章　設計阿米巴組織架構

阿米巴組織實施自主經營、獨立核算。一個個阿米巴經過自由組合，挑選自己的成員、領導者，確定其作業系統和工具，並利用資訊技術來制定他們認為最好的工作方法。惠普（HP）、全錄（Xerox）、通用汽車（General Motors）等國際知名企業，均採取這種組織方式，如圖 2-4 所示。

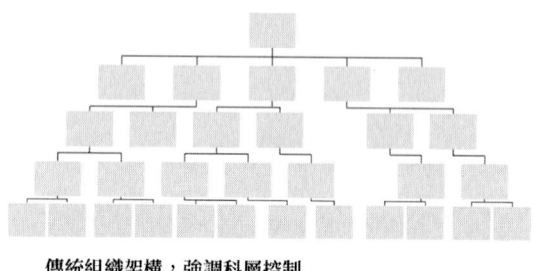

傳統組織架構，強調科層控制

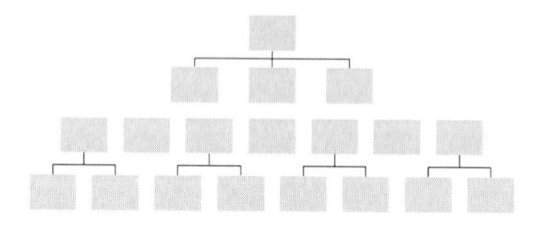

導入阿米巴之後，強調扁平化的組織結構

圖 2-4　傳統組織架構與扁平化組織結構對比

（三）扁平化組織結構的特點

第一，以工作流程為中心，而不是以部門職能來建構組織結構。公司的結構是圍繞著有明確目標的幾項「核心流程」建立起來的，而不再是圍繞職能、部門，職能、部門的職責也隨

之逐漸淡化。

第二，縱向管理層級簡化，削減中層管理者。組織扁平化要求企業的管理幅度增大，簡化煩瑣的管理層次，取消一些中層管理者的職位，使企業指揮鏈縮短。例如，某飲料企業採用去中心化的方式，再也沒有中階主管，由若干個成員組建一個策略業務組織，獨立核算，自主經營。

第三，企業資源和權力下放給各阿米巴組織，以客戶需求為驅動。阿米巴員工與客戶直接接觸，擁有部分決策權，這樣可以有效改善服務品質，快速地反應市場的變化。

第四，實行目標管理。在下放決策權給阿米巴成員的同時實行目標管理，以團隊作為基本的經營單位，阿米巴主管做出決策，並為之負責，使人人成為經營者。

(四) 組織扁平化實現途徑

為了能快速地適應市場的變化或預見市場的變化，企業的組織形式正經歷重大轉變，由原本垂直的職能、部門組織架構，轉變為橫向的、以流程為基礎的組織架構，以實現組織結構扁平化。實現組織結構扁平化的主要步驟：

(1) 確立總部和各經營團隊的定位以及職責。

(2) 根據定位設計相應的組織。在確立總部與經營團隊的主要定位後，需要設計相關的組織實現職責定位。

(3) 確立各個經營團隊的工作職責。

(4) 設計實現阿米巴職責的職位。對各阿米巴進行定職，根據職責設定職位，並編製《團隊職位職責說明書》，透過職位設計，使阿米巴組織能履行工作職責。

二、組織平臺化

(一) 為什麼要具有平臺化思維

平臺化思維也是目前各行各業喧囂得最熱門的詞，其隱含的前提是以使用者為中心的價值鏈上的再一次專業化分工。以往的內容，生產者和傳播者合而為一的角色被分工，平臺商更重要的職能是「我搭臺而你唱戲」。

對阿米巴經營系統而言，其實企業就如同一個平臺營運商，企業建構這樣一個平臺，創造一個內部市場，制定內部市場的各使用者交易規則；而各級阿米巴就如同平臺上的各個自主經營體，靈活地完成和使用者的交易。從阿米巴的組織架構來看，從傳統的、縱向的金字塔形架構，轉變為橫向的、扁平化的架構，其實質正是從垂直化到平臺化的轉變。

(二) 企業平臺化的本質和意義

企業平臺化的本質就是將企業變小，化整為零。企業進行平臺化變革後，各個部門變成一個個以營利為目的的阿米巴。企業

與員工之間的關係不再是僱傭關係，而是合夥人關係。企業不再只是為員工提供一個工作職位，而是以資本、品牌等為核心，為他們提供一個創業的機會。企業平臺化的意義，主要展現在：

第一，由傳統的經營模式轉變為阿米巴經營模式，將公司的業務化整為零，拆分出若干個阿米巴，從行銷端到生產、研發設計，全面實現內部各營運環節的獨立結算，使「人人成為經營者」。

第二，公司由「重資產、重人力」轉變為「輕資產、輕人力」，由經營業務向阿米巴經營平臺轉變，由經營資產向阿米巴經營人才轉變，降低了公司的投資營運風險，能更靈活地應對市場變化。

第三，重塑企業價值體系，有效整合外部散、小、亂、弱的個體資源，透過合夥人機制形成聯盟，收益方式由「經營的短期收益」向「策略的長期收益」過渡。

第四，透過平臺化的規劃和操作，完成企業組織架構的調整與更新，整體提升企業管理能力，提高工作效率，推動企業內部效益進一步提升，減少公司內部的成本損耗。

(三) 平臺化組織所具備的特點

透過平臺化改造，可以為企業創造高收益。那麼，平臺化組織所具備的特點包括哪些？

第二章　設計阿米巴組織架構

（1）引入市場機制：企業透過平臺化改造，將傳統職能制的組織結構，轉變為若干個阿米巴生存和發展的結構，同時引入市場競爭機制，對阿米巴組織實行優勝劣汰，從而更加有效地整合資源。

（2）創造總部價值：平臺化改造後的組織形態為扁平化，業務管理基本上下放至前線的阿米巴團隊。總部集中精力為各阿米巴團隊提供更多關於策略、人才、品牌、數據及資金等方面的支持，而非陷於職能制管理中不能自拔。

（3）提升組織效率：透過平臺化改造，不斷衍生出新型、多樣化的業務結構。透過業務組合，提高企業運作效率與抗風險能力。

（4）企業文化力：透過在平臺化改造中重塑、提升企業文化，確立了企業的策略、使命，為阿米巴團隊提供精神支持，實現阿米巴組織間的文化融合。

企業的平臺化規劃和操作絕非易事，其表現形態——即阿米巴經營模式——具有獨特的魅力，否則不會引起諸多企業家的共鳴。但阿米巴經營模式的實施卻是系統的、複雜的，企業平臺化的規劃和操作，涉及對策略規劃、經營模式、組織模式、人才模式、文化建設等多方面變革，不是照本宣科、斷章取義，企業家務必要完成系統性思考，並有計畫、分步驟地實施。

第三節　組織演進指向─阿米巴

企業透過整合內部、外部資源等方式，把核心資源打造成企業平臺，將現有的和未來的各項業務，透過阿米巴經營模式與員工內部創業相結合，最終把企業做成平臺、把平臺做成阿米巴、把阿米巴做成合夥制。如圖 2-5 所示。

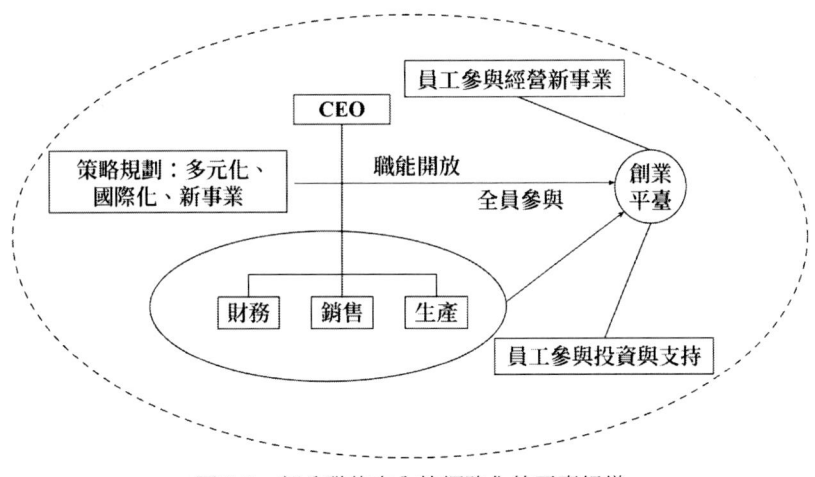

圖 2-5　部分職能向內的網路化的平臺組織

平臺內的員工、阿米巴團隊，都成為平臺上的資源整合組織。平臺上的各阿米巴，可選擇對自己最有利的平臺合作夥伴或資源支持。平臺以其靈活度，有效激發平臺上阿米巴團隊內員工的積極度，迅速擴大平臺規模和影響力。企業透過股權激勵等方式，促使一大批優秀的產業人才保持與公司長期合作與共同發展，幫助企業組建成一艘商業航空母艦。

三、組織創業者化

企業必須經過重大的架構重組,才能為阿米巴經營、內部創業提供適合的土壤。

內部創業,指企業鼓勵員工努力開發新的想法,開展新的變革及新的技術,使企業擁有可持續的競爭優勢。對於內部創業,企業需要對組織架構進行優化整合。

(一) 建立支持內部創業的組織架構

企業為了鼓勵內部創業,需要採用科學、靈活的管理框架,成立獨立經營的阿米巴團隊。而那些暫時無法推行內部創業的企業,就需要對組織架構進行調整。

科學的管理框架,其基本理念就是使企業的組織架構更為扁平,減少層級。只有這樣,才能促進員工溝通,鼓勵創新,加快資訊的內部流通,提高企業對外部環境的敏感程度和反應速度。此外,透過權力下放,級別低的員工會擁有更高的自主權,推動創新理念的執行。

建立支持內部創業的組織架構,關鍵策略為:

(1) 圍繞工作流程而不是部門職能來建立機構,傳統的部門邊界被打破。

(2) 改變金字塔形的等級結構,取消中間層級,實現縱向

第三節　組織演進指向─阿米巴

層級的扁平化。

(3) 要對管理業務整合和職能調整進行認真的調查和論證。業務流程設計應做到職能設定科學、管理流程短、資訊暢通。管理階層的機構和職位設定，應做到幹練、高效能、權責對應。

(4) 為使橫向的組織結構設計奏效，流程必須以客戶導向為基礎。

(5) 提高員工素養。由於扁平化的內涵是減少管理層次、擴大管理幅度，因此一定要實行職位競爭，確保關鍵職位上的人員素養。

(6) 精密編製實施方案，特別是企業集團大範圍地推行扁平化管理，更應編製好科學、詳盡的實施方案。

案例：

豐田公司就採用扁平的企業架構，並從中獲益。豐田在2009年業績不佳之時，對企業架構實施了一系列調整。2011年3月，日本大地震和海嘯，讓豐田的生產一度中斷。為了拯救豐田，當時豐田公司摒棄了自下而上逐級匯報，然後等待逐級批覆的傳統做法，而是授予各級經理自主決斷的權力，以節省時間，減少自然災害對公司的影響。此外，為了進一步提高公司的決策速度，公司總裁將董事會的成員削減了一半。一番變動後，豐田的業績大幅提升。

第二章　設計阿米巴組織架構

（二）成立內部創業團隊，
　　取決於公司的目標和實施需求

　　對多數企業來說，這樣大刀闊斧的架構重組，從企業文化或財務狀況角度而言，也許不夠現實。那麼，另一種做法就是成立一個內部創業的阿米巴經營團隊。這個阿米巴團隊的首要任務，就是提出創新性建議，擴大企業利潤，讓企業獲得可持續性的競爭優勢。

　　成立什麼類型的內部創業團隊或阿米巴，取決於企業的具體目標和實際需求。對那些需要改善現有運作流程的企業來說，一個潛力開發型阿米巴，便是最好的選擇；而對那些想要開拓新投資管道的企業來說，一個外向開拓型阿米巴則更為適合。當然，企業還可以同時成立多個不同類型的阿米巴。

　　無論是哪一類阿米巴組織，都必須採用各種方法，最大限度地為企業帶來創新。這一點可以透過評估備選成員的背景、資質，以及經歷來實現。

　　有了合適的架構，企業還必須透過文化建設，增加內部創業的效果。成功施行內部創業的企業，在企業文化上都具有這樣的特點：高度信任感、高度心理安全感、高度的正義及公平感，以及對錯誤和失敗的超強容忍力。

　　在今天這種充滿競爭和變化的商業環境中，企業想成為高度創新型公司，關鍵一點在於鼓勵企業的內部創業。首先，企

業高層領導者明確鼓勵內部創業的發展思路,並保證全體員工都能充分領會,從而獲得公司全員上下的支持。其次,企業必須採用合適的組織架構,促進創新。通常,企業必須進行重大的架構重組,才能為內部創業提供適合的土壤。

四、做好企業阿米巴規劃

總部掌握核心資源,並透過強化核心資源不斷地吸引新的人才和新的業務,幫助企業組建一艘商業航空母艦。集團每個業務團隊都採用阿米巴經營模式,共享平臺資源,既能發揮大公司的資源優勢,又能展現小公司的靈活度,大大提高集團的對外競爭力。阿米巴規劃包含的內容有:

(1)確立企業的行業競爭狀態,進行策略規劃;

(2)確立企業的平臺化策略模式及競爭選擇、執行步驟;

(3)在策略方向和經營目標明確的基礎上,確立未來若干年的策略執行步驟;

(4)重新調整組織架構,特別是確立總部價值下的阿米巴組織設計及職能設計;

(5)確立阿米巴組織的能力要求、經營許可權、標準(分層);

(6)理順核心業務開展流程,阿米巴組織之間的對接事項;

第二章　設計阿米巴組織架構

> 思考：公司在實現組織扁平化、平臺化、創業者化方面，分別需要做哪些嘗試？

（7）確立阿米巴組織的分利機制、內部交易機制、對外合作等關鍵機制；

（8）建立阿米巴人才晉升管理體系。

案例：

某商場是一地區最大零售集團，該集團從國營企業改為民營企業，經過 20 多年的發展，已成為地區最大零售商。該集團旗下包括 3 家百貨公司、300 多家大、小超市，涉及旅遊地產、通訊、物流、加工製造等行業。

但在電商衝擊之下，該公司零售業務日益下滑。多元化發展管控難度加大，甚至失控。公司董事長帶領 5 名高階主管，毅然選擇匯入「策略＋阿米巴＋企業平臺」。

(一) 解決方案

1. 定位、策略、戰術

A. 將集團定位為「生活服務平臺」，整合地區內各種生活服務資源，深度發展，一改零售產業以前多次「走出去，鎩羽歸」的局面。

B. 大力發展 O2O 模式，在鞏固零售占有率的前提下，又增加了生活服務的收入。

2. 文化、管控、創業

A. 從思想根源上去除「阿姨級」管理人員、店員的國營企業思想，真正貫徹服務、誠信理念。

B. 將業務管控權力下移到各級阿米巴主管，總部保留策略、投資、監審等職能，精兵簡政。

C. 先從門市開始，實行員工內部創業，強調「利他雙贏」的經營理念。

3. 把企業做成平臺

A. 整理、整合、優化集團的資源，包括品牌、資金、文化、人才、物業、物流、融資、供應商、管理體系、會員客戶、店面、地方關係等，並將這些資源打造成企業發展平臺。

B. 先把公司內部現有的百貨、超市、通訊等業務置於平臺上發展，然後再整合地區的餐飲、美容美髮、航空票務、家政、酒店、快遞、第三方物流、嬰幼兒用品、小額貸款等服務行業，透過統一的會員卡，納入平臺 IT 系統內共享資源。

C. 在平臺的基礎上，整合 O2O 的快遞、代收水電費用和電話費等業務；超市整合引進生鮮、專櫃；百貨整合引進自製、自營、自購、代理銷售等業務。

4. 把平臺做成阿米巴

A. 按產業範圍劃分一級阿米巴，如百貨、超市、物流、通訊、地產、加工等，一級阿米巴又根據需求劃分成二級和三級阿米巴，共成立713個阿米巴團隊。

B. 每個阿米巴獨立核算，除承擔本阿米巴直接發生的物業、人工、購進成本等外，還分別按營業額、利潤、人數等範圍，分攤集團總部的各種費用，實現經營重力層層傳遞。

C. 各阿米巴之間由以前的交付關係轉變為交易關係，如物流中心為超市門市配送，以前只是為送而送，現在改為按公里數計價；拓展中心以前只負責找物業，現在改為包括裝修在內，直到開店的所有業務，然後讓超市阿米巴支付費用。

5. 把阿米巴做成合夥制

A. 除百貨、超市、物流配送等主營業務外，其他業務均獨立註冊公司，總經理透過競爭，爭取獲聘機會，且整個高階管理團隊必須共同投入部分資金成為股東。

B. 以前只為超市輸送產品的包子、紅棗、烘焙、熟食等部門獨立成阿米巴，可以對外營業，其中的負責人與核心團隊，可以分配本阿米巴的利潤。

C. 部分便利商店透過員工內部創業機制，實行公司與店長合夥制，店長成為本店的大股東；大型超市、百貨則按品

類分阿米巴，阿米巴主管對利潤負責，按股份比例分享利潤、分紅。

(二) 專案效果

1. 超市事業部（一級阿米巴）想辦法把以前充裕、閒置的物業全部租賃出去，收租 800 多萬元 / 年。

2. 共有 31 家門市、137 名員工轉為合夥人，不發薪資，節省人力 795 萬元 / 年。其中包括公司讓出股份紅利 313 萬元 / 年，實際節省 482 萬元 / 年。

3. 整個外部生活服務業務，預計收入 500 萬元 / 年，利潤約 450 萬元 / 年。

4. 集團營業額成長 75%、利潤成長 92.36%，在電商衝擊下逆勢而上，堪稱經典！

第四節　阿米巴組織架構的設計原理

提示：

本節內容學員理解即可，不要求做相關操作和運用。

阿米巴組織體系包含阿米巴組織結構、組織變革、流程再造與組織再造等子體系，是一個較為複雜的有機系統，是企業本身成長的需求。

第二章　設計阿米巴組織架構

一、阿米巴組織架構設計的規劃

針對公司現狀，遵從「整體規劃，分步實施，合理變革，穩健推進，確保落地」的原則，遵循阿米巴組織結構設計的「五個要素」：經營哲學、公司策略、組織結構、核心人才、營運系統，如圖 2-6 所示。

（1）公司策略是為了企業獲得持續競爭優勢而規劃的一系列相互協調的行動方案。

（2）經營哲學決定了企業的使命和願景，以及核心價值標準；決定了需要怎樣的組織結構和業務流程。

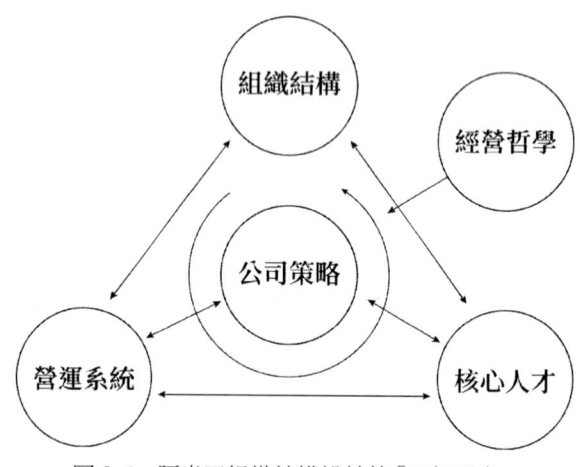

圖 2-6　阿米巴組織結構設計的「五個要素」

（3）組織結構確定了企業內部縱向及橫向的關係。

第四節　阿米巴組織架構的設計原理

(4)競爭優勢最終必須落實到營運系統，展現在核心業務流程上。

(5)有了核心人才，才能選出優秀的「阿米巴主管」。

> 思考：如何有根據地規劃公司的組織結構？

以「策略規劃」為起點，從「經營哲學、策略規劃、劃分阿米巴組織、經營管理體系優化、股權激勵設計」等領域，來加快企業管理，提升與管理改善的頂層制度安排。

二、阿米巴策略規劃模型

> 思考：如何在公司各個層面進行策略規劃？

按照「策略規劃金字塔模型」，從分析整體發展策略、阿米巴團隊策略、策略實施支撐體系三個層面，展開對公司的策略規劃，如圖 2-7 所示。

第二章 設計阿米巴組織架構

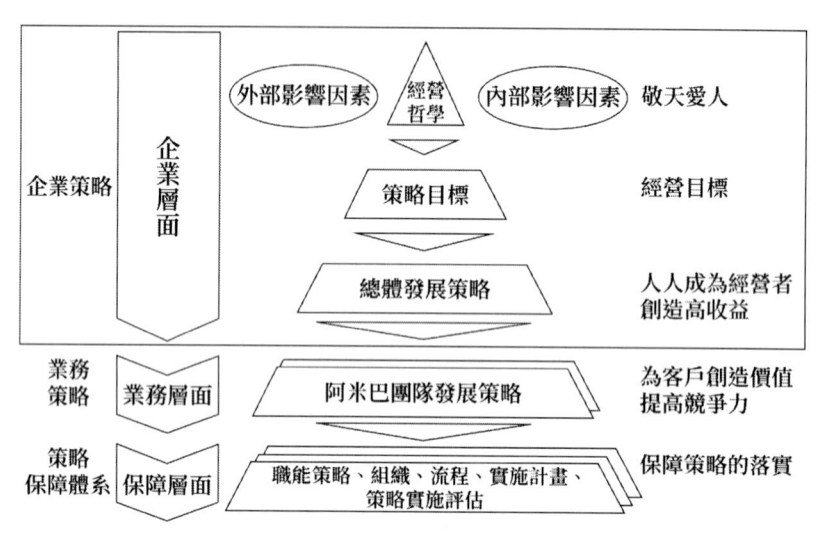

圖 2-7 策略規劃金字塔模型

三、阿米巴組織體系的邏輯

阿米巴組織體系的邏輯關係，如圖 2-8 所示。

在阿米巴組織體系中，整個公司可以視為大的「阿米巴團隊」，SBU（事業部）是較小的「阿米巴團隊」，Mini-SBU 是 SBU 內部更小的經營團隊，Cell-SBU 則是細分後更微小的團隊。

（一）基於 SBU 的阿米巴組織運作體系的內涵

第一，SBU 組織運作體系。

第四節 阿米巴組織架構的設計原理

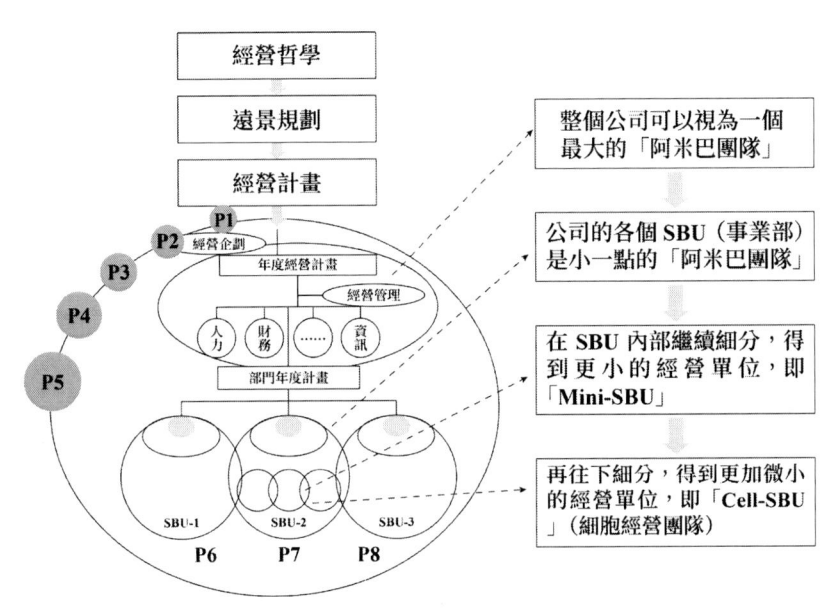

圖 2-8 阿米巴經營管理體系的劃分邏輯

　　SBU 組織運作體系主要包括以下內容：策略澄清；SBU 組織劃分；管理模式分析與總部職能部門設定；總部職能部門與各 SBU 職能規劃；SBU 的職能管理、營運管理與明確重大事項管理要點；核心流程優化與關鍵許可權劃分等。

　　第二，Mini-SBU、Cell-SBU 組織運作體系。

　　Mini-SBU、Cell-SBU 組織運作體系主要包括：阿米巴團隊劃分；阿米巴團隊職位定編定員；阿米巴團隊之間的對接事項；阿米巴團隊的許可權明細等。

（二）基於 SBU 的阿米巴組織運作體系的要點

基於 SBU 的阿米巴組織，主要由總部與各經營型 SBU 組成，如圖 2-9 所示。

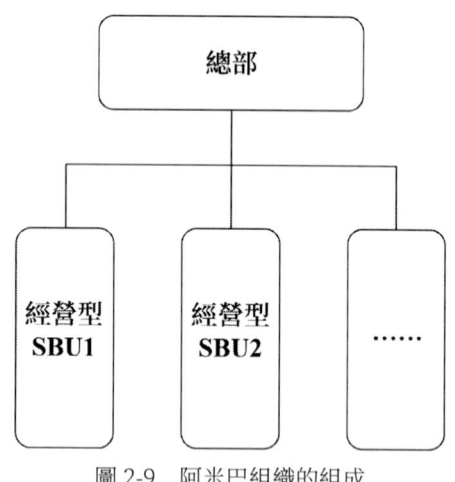

圖 2-9　阿米巴組織的組成

第一，種子業務孵化。

在現有業務維持或壯大的同時，為支撐企業進一步規模化、持續化發展，總部需要承擔種子業務的孵化職能，以不斷地催生新的事業部。當新的業務規模較小，尚不足以支撐阿米巴經營模式運作時，總部可以以專案制對其進行直接管理。

第二，非管控職能，「能下放就下放、能抽離就抽離」。

總部相關業務或業務支援職能，如採購供應、技術工藝、倉儲管理等，盡量「下放」到各阿米巴團隊，以保障各阿米巴

主營業務的高效能開展、對外部市場的快速反應。相關服務職能或部門，如會計核算、人事事務、行政後勤、物流運輸等，「抽離」出來以服務型阿米巴的形式運作，以控制企業服務費用成本、抑制職能部門的官僚作風；同時，對各阿米巴團隊實行有償服務、交易收費，達到透過共享服務來實現資源的集中利用、成本的有效降低之目的。特別說明的是，當集中的採購供應、生產製造等職能不對外經營時，亦可考慮將其定位為服務型阿米巴來運作。

第五節　阿米巴組織架構的設計操作

提示：

1. 本節內容極其重要，是本章的成果部分，要求反覆演練和操作，做出相關方案，並能運用到實際工作中去。

2. 請根據操作步驟指引進行操作，可參閱前面講到的內容，融會貫通。

策略決定組織架構，組織架構支撐企業策略落地。根據企業策略重新設計組織架構、優化運作流程，使企業高效能、穩健地運作，徹底解放企業生產力、解放老闆。

透過表 2-1，我們可全面了解阿米巴組織架構與傳統行政組織架構的異同。

第二章 設計阿米巴組織架構

表 2-1 阿米巴組織架構與傳統行政組織架構的異同

比較項目	傳統組織架構	阿米巴組織架構
層次與幅度	層次多、幅度窄	層次少、幅度寬
權力結構	較集中、等級少	分散、多樣化
等級差異	不同等級差異大	不同等級差異不大
溝通方式	上下級之間溝通距離長	上下級之間溝通距離短
職責	附加於具體的職能部門	很多成員共同分擔
通訊方式	傳統通訊方式	現代網路通訊方式
協調	明確規定管理制度	方式多樣、注重直接溝通
持久性	傾向於固定不變	持續地適應最新情況
選用環境	較穩定	快速變化
企業驅動力	高層管理者驅動	市場需求驅動

設定任何部門都必須成為企業某一策略的媒介。如果企業某一策略沒有相對應的部門，就會導致架構殘缺。在企業策略要求的背景下，不同的策略需要不同的組織結構來支撐。

設計支撐策略的阿米巴組織架構，可以分五步進行：策略整理、公司業務整理、選擇組織架構的類型、劃分職能、確定層級。

第一步，策略整理與組織調整幅度分析

見第一章的操作。

第五節　阿米巴組織架構的設計操作

操作：

調整公司組織結構。

第二步，公司業務整理

公司業務整理的核心是對公司業務策略的澄清——審視現有業務組合，尋求持續成長的機會。這是後續阿米巴組織劃分、管理模式確定及總部職能部門設定等的重要前提。而業務策略思考需要回答三個關鍵議題：「何處競爭？」、「如何競爭？」、「何時競爭？」，亦即「選擇目標市場、產品和客戶，以集中力量於一些細分的產品或客戶市場上」、「列舉可能的競爭方式，並嘗試不同的基本競爭方式（如採用新技術）」、「決定策略動作的時間性，公司有時會有許多互不影響的選擇，必須排列這些舉措的時間次序，或在不同階段有不同的策略選擇機會」。

策略整理是讓組織架構設計者想清楚：企業策略可以細分為多少目標？各種目標可能從何種途徑實現？企業決策者應該關注的重點是什麼？有哪些目標可以分給他人負責？

【範例】某精密塑膠製造企業的業務策略與競爭策略：大力發展工程塑膠業務、充分關注模具與注塑業務、穩定高階風葉業務，並擇機進入二、三線空調廠商。關於競爭層面的策略思考，見表2-2：

第二章　設計阿米巴組織架構

表 2-2　某精密塑膠製造企業的競爭策略

	風葉業務	工程塑膠業務	模具及注塑業務
何處競爭	向二、三線空調廠商的擴張	向外地風葉分公司擴張	逐漸以注塑業務帶動模具發展，並朝精密模具方向發展
如何競爭	進一步鞏固高端品牌定位，提升關鍵技術能力，著重提升生產效率和成本控制能力	提升研發和工藝設計及產品品質和成本控制能力	提升業務開拓能力和精密模具設計製造能力
何時競爭	適時進入二、三線空調廠商，首先穩定商業市場占有率（近期核心業務），在保證工程塑膠和注塑業務資金投入的基礎上，選擇時機開拓二、三線空調廠商——先針對二、三線空調廠商打入部分高端產品，保持風葉的高品質	優先發展工程塑膠業務：此業務的發展能夠帶來較高的價值創造和業務合作效應——能夠為風葉和注塑業務的發展提供支持，且經過多年的累積，目前在技術研發和產能上已具備一定的基礎。因此，應優先、快速發展工程塑膠業務，在人力和財力上做大量投資	充分關注注塑業務：模具業務的進一步發展需要較大的資金投入，且為公司帶來的直接經濟價值不大。而注塑業務發展好的話，可帶來較高的價值，由於模具和注塑是聯動的業務，因此，應對二者進行充分關注，加大注塑業務開拓的力度，透過注塑帶動模具的發展

注：此企業主要有風葉、模具及注塑、工程塑膠三大塊相關業務。其中，風葉業務貢獻了 85％以上的銷售額，占據絕對優勢地位。

操作：

整理業務流程。

第三步，選擇組織架構的類型

組織架構的類型因企業策略不同而不同；因管理方式不同而有異；因企業不同發展階段而有別。到目前為止，企業組織架構形成的主要類型，有阿米巴式組織、職能式組織、直線式組織、矩陣式組織等。選擇何種類型，企業可根據組織架構設定的五原則，均衡考慮後做出取捨。

如果企業匯入阿米巴經營模式，則需要選擇阿米巴式組織結構。阿米巴組織結構由傳統「正三角」變成「倒三角」，這個轉變是為了強調價值傳遞而非行政權力，如圖 2-10 所示。

◆ 第二章 設計阿米巴組織架構

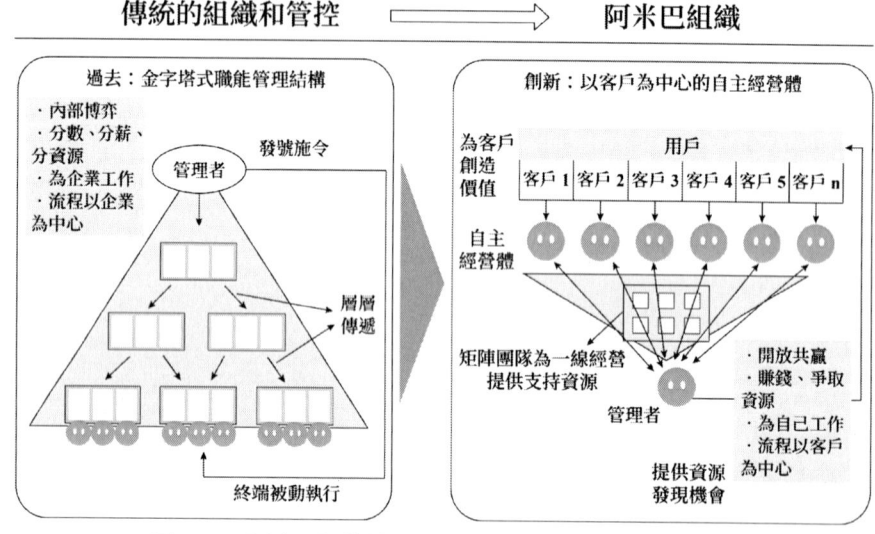

圖 2-10 阿米巴組織結構由傳統「正三角」變成「倒三角」

操作：

設計一個阿米巴組織結構。

第四步，劃分職能

組織職能因企業選擇的組織類型不同而會有不同的組合。

例如，不同企業的總經理承擔的職能可能有天壤之別，有的總經理負責採購職能，有的總經理負責合約管理。製造企業的生產部門，也因產品不同、規模不同，承擔的職能也千差萬別。比如，有的小型企業生產部門包攬了除行政後勤、行銷之外的所有職能，從材料採購到計畫安排；從技術研發到工藝指

導；從成品檢驗到訂單交付⋯⋯一條龍負責到底。而一家大型企業的人力資源部門，則可能承擔以下職能：人才規劃、應徵任用、培訓開發、績效管理、薪酬管理、勞資關係、員工發展、企業文化建設、社團管理⋯⋯等。

組織職能劃分越具體，後面的職位設定就越簡單。此時就可以進行阿米巴組織劃分了，不論選擇何種組織類型，都需要將企業策略職能列出，如總經理辦公室、人力資源部、財務管理部、生產部、技術研發部、品質管理部、行銷管理部、物流配送部等。規模大的企業，還需要繼續往下細分管理職能。然後在此基礎上，進行阿米巴組織劃分。

操作：

做一張表，明列公司策略主要承擔的部門及主要職能。

第五步，確定層級

對於管理跨度大的企業，需要進一步考量管理層級，避免管理空洞出現。如全國連鎖企業，就需要考量各區域分公司、辦事處等管理層級的細分，以落實企業組織架構設計的責任均衡原則。

阿米巴組織架構設計的最終呈現方式，就是組織架構圖，如圖 2-11 ～圖 2-17 所示。

第二章　設計阿米巴組織架構

【範例1】

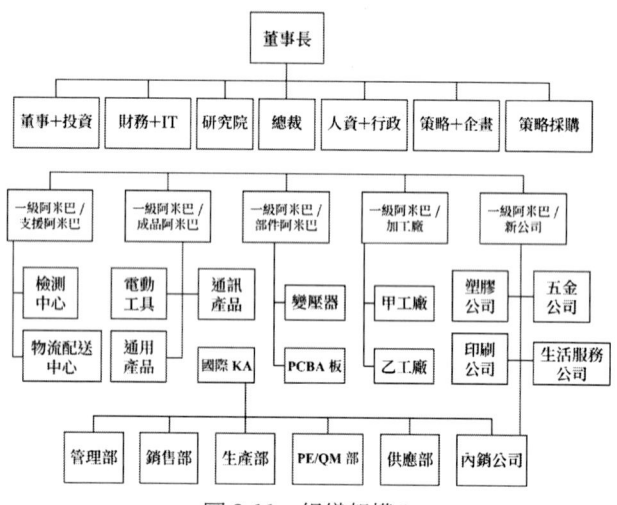

圖 2-11　組織架構 1

【範例2】

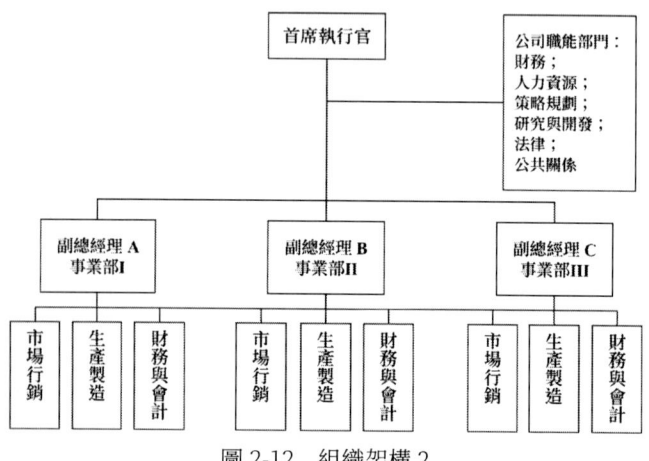

圖 2-12　組織架構 2

第五節 阿米巴組織架構的設計操作

【範例3】

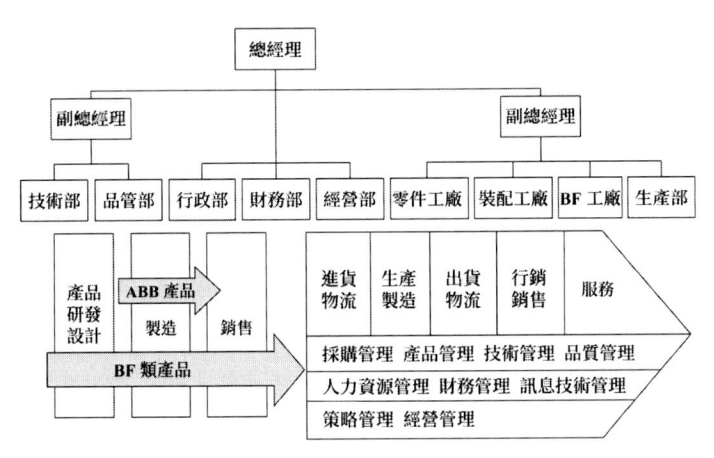

圖 2-13 組織架構 3

【範例4】

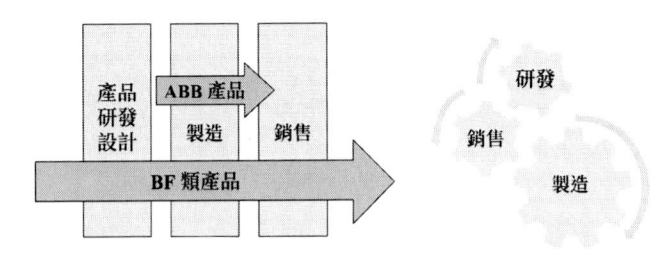

公司	經營模式
製造	OEM，專注於生產製造；除 ABB 和 BF 產品外，承接代加工業務、物流服務
銷售	銷售現 BF 類產品，並承接代理相類似產品的投標業務
研發	初期階段承接製造公司的技改項目，未來可更多開展內外部客戶的科研項目；成為集團科技項目孵化器

圖 2-14 組織架構 4

第二章　設計阿米巴組織架構

【範例 5】

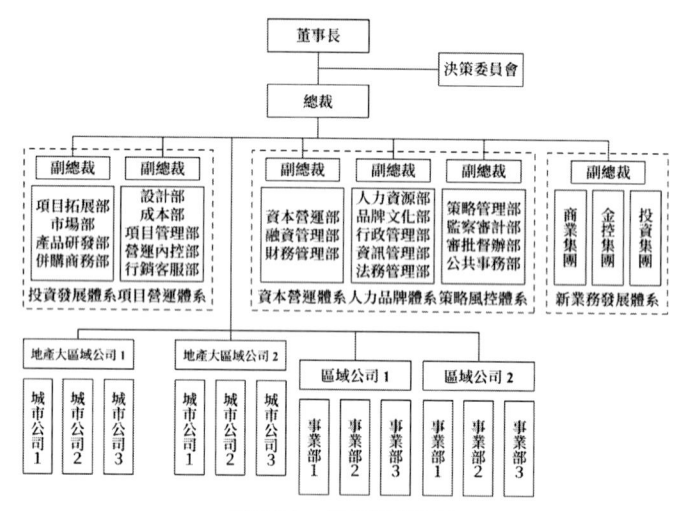

圖 2-15　組織架構圖 5

【範例 6】

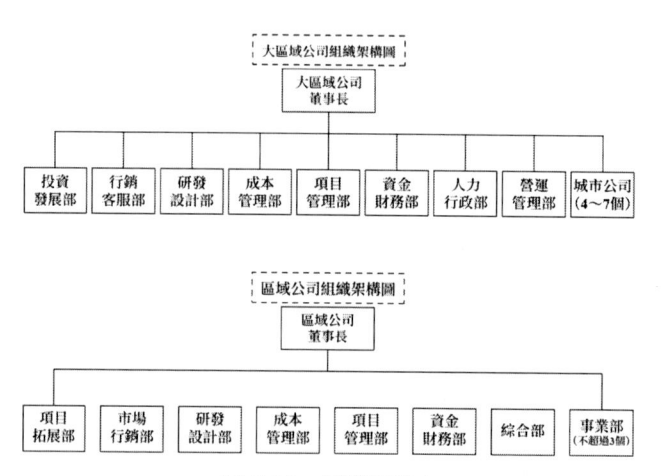

圖 2-16　組織架構 6

第五節　阿米巴組織架構的設計操作

【範例 7】

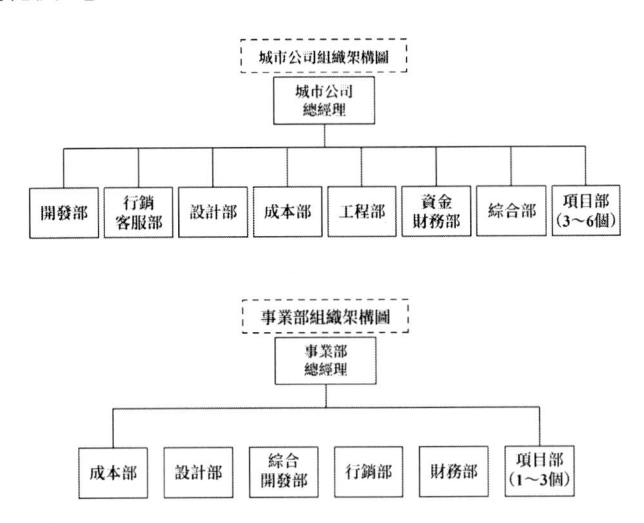

```
城市公司組織架構圖
        │
   城市公司
   總經理
   ┌────┬────┬────┬────┬────┬────┬────┐
 開發部 行銷  設計部 成本部 工程部 資金  綜合部 項目部
       客服部                   財務部        (3～6個)
```

```
事業部組織架構圖
        │
    事業部
    總經理
   ┌────┬────┬────┬────┬────┐
 成本部 設計部 綜合  行銷部 財務部 項目部
              開發部                (1～3個)
```

圖 2-17　組織架構 7

成果 4　公司新組織架構圖

093

第二章　設計阿米巴組織架構

第三章
阿米巴組織的劃分方法

第三章　阿米巴組織的劃分方法

阿米巴組織劃分是阿米巴經營中最重要之處。阿米巴經營對外有沒有張力和前景，相當程度取決於組織怎麼重組和劃分。

阿米巴組織劃分的重要內容如圖 3-1 所示。

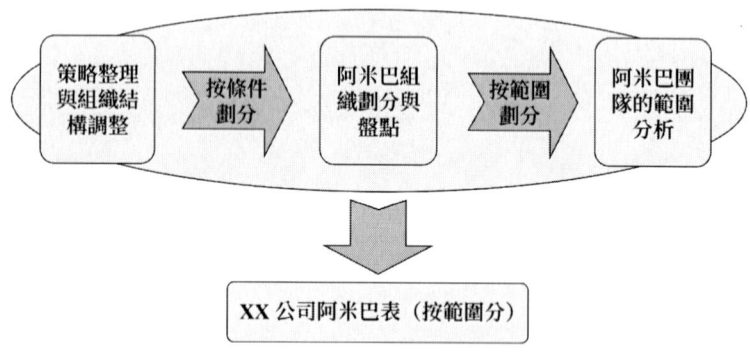

策略整理與組織結構調整 → 按條件劃分 → 阿米巴組織劃分與盤點 → 按範圍劃分 → 阿米巴團隊的範圍分析

↓

XX 公司阿米巴表（按範圍分）

圖 3-1　阿米巴組織劃分

本章目標：

1. 理解：阿米巴劃分的原則、思路。

2. 操作：按照劃分條件預選組織劃分。

3. 操作：按照範圍劃分阿米巴組織。

4. 掌握：阿米巴劃分步驟。

5. 操作：基於價值鏈進行職能切分。

形成成果：

1. 阿米巴組織團隊預選表。

2. 阿米巴組織範圍分類表。

3. 阿米巴組織職能表。

第一節　阿米巴組織的劃分原則

提示：

本節內容屬於阿米巴組織劃分的原理部分，需要深刻理解，不要求做方案。

阿米巴組織劃分目的：為讓公司所屬各職能部門、各利潤中心實現營運效率、產生效益最大化、管理規範化，從而有效提升公司經營水準與盈利能力，遵循阿米巴經營原則，將公司組織阿米巴化。

阿米巴組織劃分原則：公司劃分阿米巴，本著工作細分、權責分明、確保效益提升的原則，以企業價值鏈為依據，根據集團確認的組織架構圖，劃分阿米巴團隊，並將各團隊的管理權責、交易關係以及經營模式做出界定，以便於各阿米巴團隊管理者遵照執行。

阿米巴組織變更：當業務發生改變，可根據經營狀況，對阿米巴組織進行撤銷、裂變與合併，並可相應調整管理權責、交易關係以及經營模式。

第三章 阿米巴組織的劃分方法

一、阿米巴組織劃分的優勢

阿米巴組織是在企業策略規劃下,為達到經營目標和發展需求,而進行的組織設計。將組織劃分成既可以獨立完成業務,也可以進行獨立核算的團體,將有利於公司對經營方向的掌控。阿米巴組織劃分的優勢,主要展現在如下幾點(如圖 3-2 所示):

- 打造自主經營的小團體
- 內部市場化交易
- 全員當「老闆」
- 系統地看企業健康狀況

進行阿米巴組織劃分的優勢

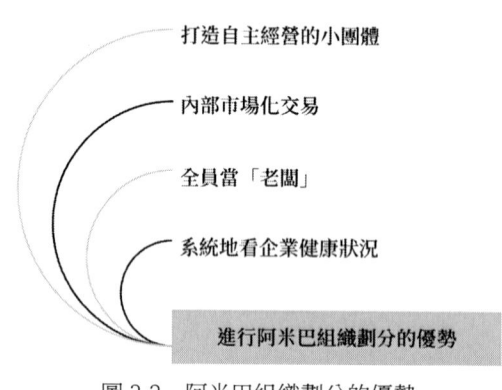

圖 3-2 阿米巴組織劃分的優勢

1. 打造自主經營的小團體

將企業組織劃分成若干個自主經營的小團體,把大企業化小,同時具備規模和靈活性。

2. 內部市場化交易

內部交易,直接傳遞市場競爭壓力,以「內部市場化」運作機制來促進企業外部競爭。

3. 全員當「老闆」

促使員工從「被動執行」轉變為「主動創造」的經營者，釋放企業潛能，能夠培養跟老闆理念一致的經營人才。

4. 系統地看企業健康狀況

> 思考：為什麼要進行阿米巴組織劃分？

以獨立核算為基礎，將經營的實際情況看清、看透，同時運用科學的組織業績管理及業績評價體系來衡量員工的貢獻，並實現循環改善。

二、阿米巴劃分的基本原則

傳統企業的組織架構往往指揮鏈較長，反應慢、執行慢，按部就班、有條不紊。這種體制適合用於計畫經濟，或壟斷條件，或高度穩定的市場狀態。然而，隨著行動網路時代的打開，客戶的流動性、靈活性、個性化，要求企業迅速反應變化無常的市場，傳統的垂直職能管理架構，已呈「老牛拉車」之態勢，必須進行革新。一種由阿米巴組成的扁平化組織架構呼之欲出，時代在召喚組織形態的重塑。

第三章　阿米巴組織的劃分方法

1. 組織扁平化原則

　　阿米巴組織層級盡量不超過三層，否則需重新審視組織劃分。

　　組織扁平化是指透過減少企業的管理層級、壓縮職能部門，以便企業快速地將決策權延至企業生產、行銷的最前線，從而為企業提升效率，而建立起來的、富有彈性的新型管理模式。組織扁平化摒棄了傳統金字塔狀企業管理模式中諸多難以解決的問題和矛盾，使組織變得靈活、敏捷，富有柔軟性、創造性。它強調系統、管理層次的簡化，管理幅度的增加與分權。

2. 內部交易簡單及核算簡單原則

　　阿米巴組織的劃分雖然越小越好，但是必須以交易簡單、核算簡單為前提。

　　在劃分阿米巴團隊時，需要考量在阿米巴之間的內部交易、核算方法和核算體系設計上，力求簡便易行、好學易懂，使阿米巴成員樂於接受、容易確立阿米巴的經濟責任。

> 思考：為什麼移動網路時代，呼喚新的組織形態？

3. 展現「重要性」與「成效性」原則

阿米巴組織的劃分最好能夠有針對性地解決目前組織突顯的問題，以及預期在收入增加，成本、費用降低等方面，短期內會有顯著的成效。

在阿米巴組織劃分的過程中，還要充分考量各阿米巴組織的責任、權力和利益，要能夠清晰界定權利和義務、合理分配收益。只有這樣，才能確保阿米巴經營模式在企業中順暢執行。

三、判定阿米巴劃分正確的標準

「阿米巴就是將君主的權力關在籠子裡，將員工的潛能釋放出來！」這才是阿米巴魅力的核心和企業生機的原動力。阿米巴經營模式本身就是一個「大市場、小政府」的縮影。

阿米巴經營模式透過組織扁平化和精細化的授權機制，削弱了行政權力體系，充分賦予各阿米巴自主經營的權力；透過資訊和數據的開放、透明化，真正實現由下而上的視覺化經營和立即糾錯、永續改善，讓員工充分參與經營，企業的活力因此而建構。我們判定阿米巴劃分正確的標準，主要有以下三點（見表 3-1）：

第三章　阿米巴組織的劃分方法

表 3-1　判定阿米巴劃分正確的三條原則

原則	說明
實現企業發展策略	以企業整體效益為前提
最大限度劃小經營單位	可獨立的核算單位；組織產出明確，具有獨立完成某項業務的能力；充分考量阿米巴組織的責任、權利和權益
合適的經營管理者	哲學（核心價值觀、主角意識）、能力（經營能力、領導能力）

1. 實現企業發展策略

企業推行阿米巴經營模式的最主要目的，是完成企業的經營目標，實現企業的飛速發展。因此，阿米巴組織劃分的根本性原則，就是要有利於貫徹企業發展策略，實現企業的策略目標。如果阿米巴組織的劃分導致企業的管理營運混亂，或各阿米巴組織「明爭暗鬥」，企業最終淪為一盤散沙，難以完成策略目標，那麼就要調整阿米巴組織的劃分思路和方法。

2. 最大限度劃小經營單位

阿米巴經營模式要求最大限度地劃小經營單位，衡量出每個經營單位的「人均每小時收益」，努力追求「銷售額最大化、成本費用最小化」的經營效果。

當然，最大限度劃小經營單位並不是說阿米巴組織越小越好，而是要在能夠獨立核算與獨立完成業務的基礎上，盡可能

進行劃分，而且要確保阿米巴組織以最低的成本獲取最大的經濟效益。

3. 合適的經營管理者

阿米巴管理者必須具備「追求全體員工物質和精神兩方面幸福，並為社會做出貢獻」的明確信念。阿米巴的公平無私，是激發員工積極度的最大動力。

阿米巴管理者還要具備經營能力和管理能力，只有這樣，才能帶領全體員工在工作中找到樂趣和價值，激勵全體員工為了公司的發展而齊心協力，最終使「人人成為經營者」。

> 思考：如何判斷阿米巴組織劃分是否正確？

案例：

C公司是一家技術企業公司，公司產品產銷量居全球前列。該公司在行動網路的衝擊下，主動進行組織變革，匯入阿米巴經營模式，全年銷售額不斷增加，客戶關係得到進一步提升。在內部，該公司同步開展了組織架構的改革。

在匯入阿米巴經營模式之前，C公司的管理權力和資源高度集中在公司總部。同時，為了控制營運風險，公司自然而然地設定了許多流程控制點，且不願意授權，滋生了嚴重的官僚

第三章　阿米巴組織的劃分方法

主義及教條主義,導致前線的銷售團隊只有不到三分之一的時間用來找目標、找機會以及將機會轉化為結果,大量的時間用在頻繁地與後方平臺的往返溝通、協調上。面對越來越大的市場,戰線不斷被拉長。前線部門必須擁有更多決策權,才能在千變萬化的市場中及時決策。

C公司在匯入阿米巴經營模式之後,員工成立了由客戶經理、解決方案專家、交付專家組成的工作小組,形成面向客戶的阿米巴經營團隊,其精髓是為了經營目標而打破功能壁壘,形成以專案為中心的團隊運作模式。

C公司的先進裝置、優質資源應該配置在前線,以便發現目標和機會時,就能及時發揮作用,提供有效的支持,而不是由擁有資源的人來指揮「戰爭」、擁兵自重。這為C公司組織變革和分權提供了一條新思路,就是把決策權根據授權規則,授予前線團隊,後方僅發揮保障作用。相應的流程整理和優化要倒過來做,就是以需求確定目的、以目的驅使保障。一切為前線阿米巴團隊著想,共同努力控制有效流程點的設定,從而精簡不必要的流程,精減不必要的人員,提高執行效率,為生存打好基礎。

權力的重新分配,促使公司組織結構、運作機制和流程發生徹底轉變,每根鏈條都能快速靈活地運轉,重要的互動節點得到了控制,自然也就不會出現臃腫的機構和官僚作風了。

第二節　阿米巴的劃分條件

提示：

本節內容是阿米巴組織劃分的關鍵。在公司新組織架構圖上劃分阿米巴團隊是較難掌握的部分，需要對照提示和案例，反覆推演，深刻理解。

一、阿米巴組織劃分的條件

阿米巴成立是需要有條件的，並不是每一個部門、每一個科室都能夠成立阿米巴，也不見得有這個必要。成立阿米巴有三個條件（見表3-2）：

第一，能獨立核算，有清楚的收入和支出。如果不具有這種核算的能力，這個部門就暫時不必以阿米巴的方式來運作。

第二，能夠履行交易的完整職能。對自己的收入和支出具有一個完整的職能，亦即具備買賣的職能，否則不可能成為阿米巴。如果我做的東西定價不在於我，賣給誰也不取決於我，那麼職能就不完整。向誰買、用多少錢買，我不具備這個職能，就說明我不具有履行交易的能力。在這種情況下，也很難成立阿米巴。

◆ 第三章　阿米巴組織的劃分方法

> 思考：你的公司是否具備劃分阿米巴組織的條件？如果沒有，應採取哪些補救措施？

第三，符合且能執行公司策略。成立阿米巴，不代表公司就不管你了，完全獨立出去了，不對利潤負責了。無論怎麼成立阿米巴，你都是整個大組織裡的一部分。所以當公司要調整新的政策時，阿米巴要有條件地進行配合，要符合公司的策略，並且能夠執行。

表 3-2　阿米巴團隊劃分的條件

條件	釋義
能獨立核算，有清楚的收入和支出	1. 收入來源明確 2. 能貫徹企業發展策略和經營方針 3. 明確產出，可獨立完成業務，有業務能力
能夠履行交易的完整職能	1. 產品（服務）銷售 2. 產品的生產製造 3. 籌集生產資金 4. 引進合適的人才
符合且能執行公司策略	1. 符合公司策略 2. 能夠執行公司的策略

二、劃分阿米巴團隊的操作

(一) 操作思路

(1) 對照企業新的組織架構圖分析，公司哪些部門符合阿米巴團隊劃分的三個條件：

A. 能獨立核算，有清楚的收入和支出。

B. 能夠履行交易的完整職能。

C. 符合且能執行公司策略。

(2) 因為這只是初步辨識盤點，沒有進入篩選和確認階段，所以盡可能讓更多團隊入圍。

(二) 案例介紹：××集團公司的阿米巴劃分要點

(1) 集團的第二級機構是按相對獨立的職能劃分阿米巴組織的。

(2) 總部與阿米巴之間實行分權管理。阿米巴團隊擁有較大的生產經營自主權，每個阿米巴都有自己的產品和市場，能夠完成某種產品或服務的生產經營全過程。

(3) 阿米巴團隊都獨立核算、自負盈虧，彼此之間的往來遵循等價交換的原則，結成商品貨幣關係。集團內部形成由三種責任中心構成的完整管理體制：公司總部是投資中心，阿米巴是利潤中心，阿米巴所屬工廠、公司是成本中心。

◆ 第三章　阿米巴組織的劃分方法

(4)集團總部對阿米巴進行業績考核,並建立有效的激勵機制。

操作1:請在表3-3的有底色欄進行操作。(下同)

表3-3　阿米巴團隊劃分

時間:＿＿＿＿　填表人:＿＿＿＿				
阿米巴團隊名稱				

操作2:對應表3-3,把阿米巴團隊在組織架構中的位置羅列出來。

成果5　阿米巴組織團隊預選表

時間:＿＿＿＿　填表人:＿＿＿＿				
阿米巴團隊名稱	在組織架構中的級別			

第二節　阿米巴的劃分條件

案例：

××公司是一家消費類電源全球供應商，該公司 2011 年匯入阿米巴經營模式。

【現狀分析】

(1) 該公司績效管理制度嚴重脫離公司實際情況，因此，績效管理制度基本上只是一種形式。

(2) 總經理有多年海外工作經驗，高層管理人員則在國內經歷較多，做事方式已固化，彼此協調非常困難。

(3) 經常拖延交貨，導致德國大客戶中止了部分產品的訂單。銷售人員說是因為生產慢，生產人員推說是採購原料晚，採購人員說財務未付款，相互「踢皮球」。

(4) 員工沒有發揮潛力開發新產品、新工藝、新市場、新客戶。

【解決方案】

透過組織跨部門的討論，該公司制定了如下方案：

1. 策略整理。

整理公司策略，運用 SWOT 分析、判斷開關電源等公司現有產品的市場發展與競爭狀況。

研究同行標竿企業（國內、國外各選一家），進行差異分析，提出公司競爭策略。

第三章　阿米巴組織的劃分方法

2. 組織變革。

將原有「金字塔」式職能制架構轉變成「扁平化」的事業部架構。

定位總部公共職能中心，強化各事業部經營考核指標（非管理指標），實行集團管控。

3. 阿米巴團隊劃分。

總部職能中心、各個事業部作為一級阿米巴。

總部職能中心分為人力資源、財務、物業開發、研究、運輸管理、總經理辦公室六個一級阿米巴。

事業部分為成品阿米巴（直接對外銷售）五個、部件阿米巴五個，共十個一級阿米巴。

成品阿米巴內部按研發、銷售、生產、經營支持、後勤服務裂變為五個二級阿米巴；生產按工廠、工段裂變為若干個三級阿米巴；銷售按客戶或區域裂變為三級阿米巴。

部件阿米巴內部按生產、生產支持、後勤服務裂變為三個二級阿米巴；生產按工廠、工段裂變為若干個三級阿米巴。

4. 阿米巴財務核算。

職能中心採用預算制，並加以考核和管控；

成品阿米巴採用利潤制；

部件阿米巴採用成本制和利潤制。

5. 公共費用分攤。

職能中心所有費用分攤到事業部。

6. 內部交易。

職能中心與各事業部交易；

成品阿米巴相互交易；

成品阿米巴與部件阿米巴交易；

生產與銷售交易；

工廠各生產線交易。

7. 制度阿米巴執行、規劃。

成立阿米巴委員會，確立制度及各自分工，細分進度和目標；建立監督、稽核機制。

8. 確定阿米巴管理者等核心人員。

9. 確定各阿米巴的年度經營目標與費用預算。

10. 建立獎勵機制。

11. 簽訂經營協定。

【實施效果】

引入和試行阿米巴之後，員工工作積極度提升了，互相推諉的現象也減少了，各部門都抱著解決問題、改善績效的態度工作，公司的生產效率穩步提升。

第三章　阿米巴組織的劃分方法

2010 年第一事業部試行，2009 年銷售收入 0.89 億元，2010 年達到 1.49 億元，銷售收入成長 167％，利潤成長 208％；2011 年整個公司推行阿米巴，銷售收入同比成長 226％，利潤同比成長 352％。

第三節　阿米巴團隊劃分的總體思路

阿米巴團隊劃分的總體思路是總體規劃、分步匯入阿米巴經營模式，即整體規劃、試執行和全面推進。

一、以現狀為依據，尊重歷史、客觀分析

充分認知公司目前的發展階段和經營管理模式，認可公司發展過程中形成的工作方式和組織架構，不偏離公司的核心文化，結合公司的職能及人力資源要素，形成有利於阿米巴組織生根發芽的土壤。

二、以策略為方向，宏觀考量、全盤規劃

公司未來的策略發展規劃，決定了公司的發展方向，在阿米巴團隊劃分時，堅持以策略為導向，以貫徹公司的發展目標為阿米巴組織的核心思想。公司的產品種類和公司的生產工序

第三節　阿米巴團隊劃分的總體思路

之間，存在交叉錯綜的關係，不同產品類別之間的客戶，也存在重疊，這些因素勢必會影響阿米巴團隊的劃分，在進行組織劃分時，需從宏觀的角度和不同的層面進行全盤考量。

從公司的業務鏈策略安排、價值鏈流程和產業鏈的縱深布局等各方面全盤規劃，並考量新產品的孵化和成熟後的轉移，以及後續阿米巴團隊的增加、合併、撤銷等延展性。

三、以發展為目標，強調效果、逐步實施

阿米巴團隊以能貫徹公司策略目標，能獨立進行業務運作和獨立核算為標準。阿米巴團隊強調經營，以提高時間附加價值，培養有經營意識的人才為目標。阿米巴團隊劃分後，根據其在發展階段的要求及阿米巴執行的標準和目標，分階段、分步驟執行。

操作：

從以下角度思考阿米巴團隊劃分思路：

1. 組織職能現狀

2. 發展策略和產品策略

3. 業務分析

4. 價值鏈

第三章 阿米巴組織的劃分方法

第四節　阿米巴劃分的範圍

提示：

本節內容非常重要，請反覆閱讀，理解相關原理，對照公司實際進行演練操作。

阿米巴怎麼分才更加合理？我們不能簡單地在公司現有的組織架構上劃分，因為現有的組織架構很可能本來就不合理。

大部分東方企業的組織架構都是職能型的，按照職能來劃分。但西方國家的很多企業，一般按照產品（品牌）、客戶、地區以及價值鏈等層面進行劃分，根據總部與阿米巴團隊的價值定位，確立相應職責和權利。例如，P&G公司按產品類別劃分；麥當勞公司按區域成立；一些銀行則按客戶類型來劃分。

劃分阿米巴的範圍是靈活多變的。根據企業本身的特點，可以進行阿米巴組織不同範圍的劃分。阿米巴劃分的範圍有很多種，沒有哪一種最好，應根據不同企業的情況具體分析。即使是同一家企業，在不同的時段也有不同傾向。我們提出了阿米巴組織劃分的五個範圍（如圖3-3所示），有利於企業家們解決只按照行政架構劃分的困惑。

第四節　阿米巴劃分的範圍

一、阿米巴劃分的五個範圍

阿米巴既具有相對的經營獨立性，又有經營管理的彈性，總部可以根據發展需求，賦予阿米巴團隊相應的職權。透過建立完善的授權體系，阿米巴可以在一定職權範圍內，形成專業化的營運組織，根據市場需求，進行獨立、快速的決策，減少協調和溝通的時間及成本，建立競爭優勢。同時阿米巴也是產品責任部門或市場責任部門，對產品設計、生產製造及銷售活動負有統一領導的職能。

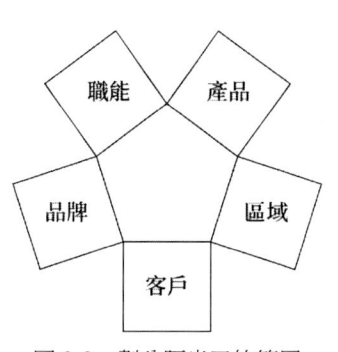

圖 3-3　劃分阿米巴的範圍

從策略規劃角度來看，如果公司業務鏈安排界定了核心業務、成長業務和種子業務，形成了業務團隊組合，那這些都是從產品範圍設計的。

在產業價值鏈中，由於公司存在產銷協調的瓶頸，需要對生產、銷售進行專業化分工，以合作和制衡；從聚焦盈利貢獻來說，也需要銷售開源和生產成本控制、效率提升雙管齊下，適合形成相對獨立的生產阿米巴和銷售阿米巴。

從產品範圍來說，如果不同產品生產工藝相對獨立，自動化程度和手工作業的管控模式相差很大，客戶應用群的分布也

第三章　阿米巴組織的劃分方法

不同,則適合分別形成獨立的產品事業部。

【範例1】按客戶劃分阿米巴的企業有很多,銀行和金融諮詢服務類行業,普遍選擇這種阿米巴組織劃分方式。他們將客戶劃分為公司客戶、個人客戶、機構客戶,不同的客戶可能消費相同的產品或服務。由於不同的銀行提供的產品基本上相同,只有更加貼近客戶,了解客戶的需求和偏好,才能抓住商機。某商業銀行根據業務類型或客戶類型分類,如分為公司金融事業部、機構金融事業部、零售金融事業部等,可以說,一項業務本身就可以變成一個業務事業部。上述業務的分類,主要根據對公或對私的不同客戶類型來進行。

【範例2】如果企業經營地域範圍覆蓋較廣,那麼也可考慮建構服務於各地域客戶的區域型阿米巴。例如,對全國銷售的飲料企業,可以在各縣市組建區域型阿米巴,從而管理一個縣或一個區域的研發、生產、銷售業務。按照區域劃分阿米巴,就要保證區域內具有足夠的市場空間和消費潛力。例如,某商業銀行根據地域或管轄範圍,劃分為北美洲事業部、亞太區域事業部等,可以說一套區域轄屬管理,就可以組成一個事業部。

【範例3】在企業的價值鏈中,有些業務流程是特別重要的,可決定讓企業具有獨特性或競爭力的因素,被稱為「主要業務流程」,如市場行銷、生產業務、售後服務等。

其他業務流程是對經營提供基本支持所需要的,它們使經

第四節　阿米巴劃分的範圍

營可以運作起來，被稱為「支持業務流程」，如人力資源管理、企業培訓等。這樣的企業，可以按照職能來劃分阿米巴。

> 思考：你的公司按照哪幾種範圍劃分阿米巴？

二、操作：按範圍劃分阿米巴

(一) 按職能範圍劃分阿米巴

按職能範圍劃分阿米巴，主要是運用產業價值鏈分析、準確找到公司策略定位，形成阿米巴內部價值鏈。每個價值鏈都可以成立一個阿米巴組織。我們以某食品股份有限公司為例，說明如何按照職能範圍來劃分阿米巴，如圖 3-4 所示。

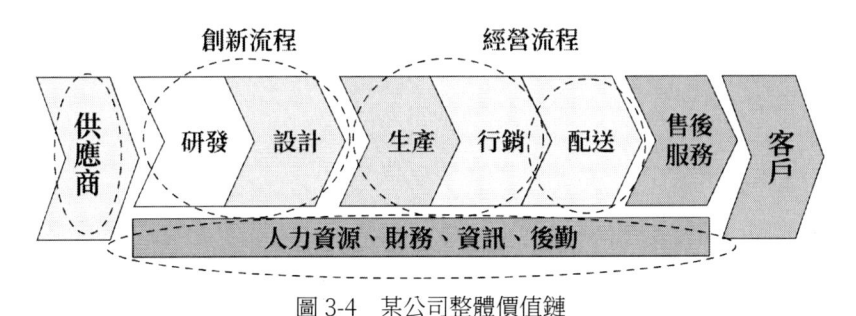

圖 3-4　某公司整體價值鏈

第三章　阿米巴組織的劃分方法

1. 採購部

採購部可劃分為成本型阿米巴團隊。

目前該職能未能完全獨立，需依託公司高層管理才能開展完整工作，不適合現在劃分阿米巴團隊。

2. 研發與設計

研發和設計可劃分成利潤型阿米巴或預算型阿米巴。

目前該部職能未能完全獨立，需依託公司高層管理才能開展完整工作，不適合現在劃分阿米巴團隊。

3. 生產與行銷

生產和行銷部門完全可以劃分成獨立的阿米巴組織。

目前因生產較為分散，故先選定一個廠進行前期阿米巴執行，較適合公司的現狀。

4. 配送

支援公司行銷的物流配送，可獨立劃分成利潤型阿米巴團隊。

目前因組織和職能正在整合發展中，該部暫在行銷體系下開展工作，可作為第二批成為阿米巴團隊的對象。

5. 人力資源、財務、資訊、後勤

人力資源、財務、資訊、後勤等職能部門，能完全獨立開

展工作,可成立預算型或利潤型阿米巴組織。

> 思考:公司按照職能範圍劃分阿米巴的團隊有哪些?

目前還未有相應的管理規劃及預算模式相匹配,故暫不宜設為阿米巴組織。

(二)按產品範圍劃分阿米巴

按照產品或產品系列組織業務活動,在經營多種產品的大型企業中日益重要。按產品範圍劃分阿米巴,主要是以企業所生產的產品為基礎,將生產與某一產品相關的活動完全置於同一產品部門內,再在產品部門內細分職能部門,進行生產。這種架構形態,在設計中往往能將一些共用的職能集中,由上級委派以輔導各產品部門,做到資源共享,如圖 3-5 所示。

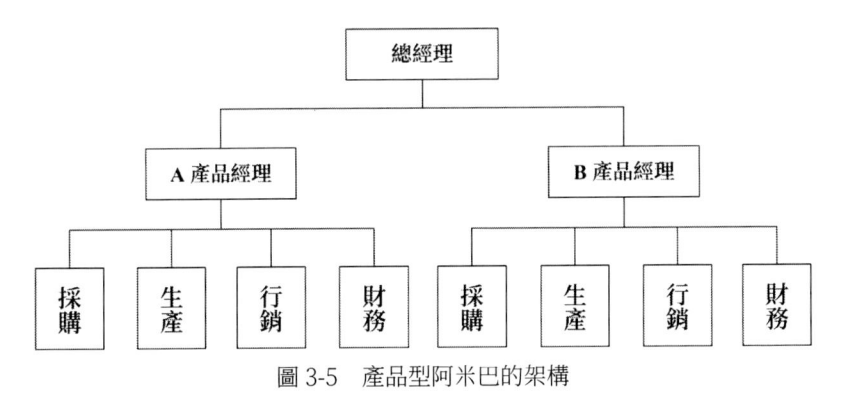

圖 3-5　產品型阿米巴的架構

第三章　阿米巴組織的劃分方法

1. 產品型阿米巴的優點

（1）有利於採用專業化裝置，並能使個人的技術和專業化知識得到最大限度的發揮。

（2）每一個產品阿米巴都是一個利潤中心，阿米巴管理者承擔利潤責任，這有利於總經理評價各阿米巴的成績。

（3）在同一產品阿米巴內相關的職能活動協調很容易，較之完全採用職能部門管理來得更有彈性。

（4）容易適應企業的擴展與業務多元化要求。技術跟業務捆綁，易優化產品，提高利潤。

2. 產品型阿米巴的缺點

（1）需要更多具有全面管理才能的人才，而這類人才往往不易得到。

（2）每一個產品阿米巴都有一定的獨立權力，高層管理人員有時會難以控制；若產品阿米巴數量較大，則難以協調。

（3）對總部的各職能部門，如人事、財務等，產品阿米巴往往不會善加利用，導致總部一些服務無法獲得充分利用。

某商業銀行根據盈利產品類型分類，如分為網路銀行事業部、手機銀行事業部等，可以說一個產品部門就能形成一個產品事業部。

也有很多知名企業按照市場分類進行劃分，把品牌作為阿

第四節　阿米巴劃分的範圍

米巴劃分的依據。按品牌劃分阿米巴，讓企業把更多精力放在品牌建設上，讓旗下各品牌發揮出最大價值，只有強而有力的品牌支撐，才可能有高品牌溢價。

3. 操作演練

（1）按產品範圍劃分阿米巴，本質上是一種業務劃分，需依據公司的業務策略，按照確定的範圍，對產品經營領域進行分類，並確立每個產品阿米巴的業務領域。

（2）一般可按照產品特徵、技術特徵、平臺、目標市場等不同的範圍進行劃分，通常以產品特徵為主或結合多個範圍。

（3）產品線劃分需要將可管理性和業務發展有機結合。

（4）各產品阿米巴的規模應該相對平衡。

（5）產品阿米巴劃分是動態的，會隨著公司策略和經營模式的改變而改變。

> 思考：公司可劃為產品阿米巴的團隊有哪些？

(三) 按品牌範圍劃分阿米巴

按照品牌範圍劃分阿米巴，即原本的組織架構將被品牌導向的產品線所替代，這樣資源分配將會更加具有彈性，決策也

會更果斷。不同的產品線,將圍繞自己旗下品牌的特色來進行新的嘗試,實現品牌價值最大化。從定位上來說,將實現幾個產品在同一個平臺上進行統一的規劃,包括產品和品牌。

(四) 按區域範圍劃分阿米巴

對在地理上分散的企業集團來說,隨著不斷深入新的業務領域,或相關多元化發展,或在原有的業務領域內進入新的市場,業務範圍不斷擴大,形成多種業務並存的集團結構;同時,業務涉及區域也在不斷擴展,地區性、全國性,乃至全球性的跨國公司湧現。業務的多元性和區域的擴散,為公司管理帶來了極大的挑戰,總部完全的操控管理,顯然無法滿足企業發展的要求,按照業務或地區劃分阿米巴,為企業提供了一種變革的選擇。

按區域劃分阿米巴,其方法是把某個地區或區域內的業務工作集中起來,委派一位阿米巴管理者來負責。按地區劃分阿米巴,特別適用於規模大的公司,尤其是跨區域、跨領域的大型企業。這種組織架構形態往往設有中央服務部門,如採購、人事、財務、廣告等,這些部門向各區域阿米巴提供專業性的服務。如圖 3-6 所示:

第四節　阿米巴劃分的範圍

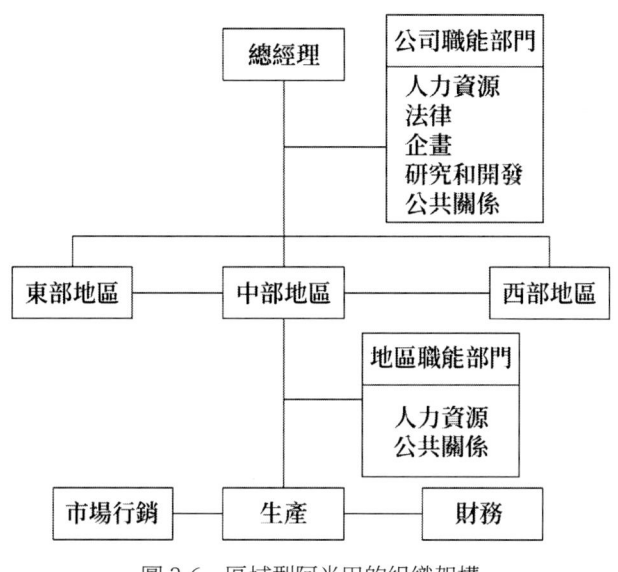

圖 3-6　區域型阿米巴的組織架構

按區域範圍劃分阿米巴組織，不是指劃分銷售市場，而是根據地區的客戶差異，重新組織研發、生產、物流和銷售。

這既有利於及時供貨和降低運輸成本，也有利於捕捉當地客戶需求。

1. 按區域劃分阿米巴的優點

（1）責任到區域。每一個區域都是一個利潤中心，每一個區域阿米巴的主管，都要負責該地區的業務盈虧。

（2）放權到區域。每一個區域都有其特殊的市場需求與問題，總部放手讓區域阿米巴員工去處理，會較妥善、實際。

(3) 有利於地區內部的協調。

> 思考：公司按照區域範圍劃分阿米巴的團隊有哪些？

(4) 員工對區域內顧客非常了解，有利於服務與溝通。

(5) 每一個區域阿米巴的管理者，都要擔負一切管理職能的活動，這對培養通才管理人員大有好處。

2. 按區域劃分阿米巴的缺點

(1) 隨著地區的增加，需要更多具有全面管理能力的人員，而這類人員往往不易得到。

(2) 每一個區域阿米巴都是一個相對獨立的部門，加上時間、空間的限制，往往「天高皇帝遠」，總部難以控制。

(3) 由於企業總部與各區域阿米巴各居一方，難以維持集中的經濟服務工作。

3. 操作演練

(1) 確立公司業務涉及的範圍，是地區性、全國性還是全球性。

(2) 把某個地區或區域內的業務工作集中，委派一位阿米巴主管來負責。

(3)根據地區的客戶差異,重新組織研發、生產、物流和銷售。

(五)按客戶範圍劃分阿米巴

原理:

以客戶為範圍劃分的阿米巴,通常與業務部門和銷售工作相關。在這些以客戶為導向的阿米巴組織中,一般由阿米巴主管負責聯繫主要客戶。

對於阿米巴團隊劃分,很多企業難以分清何時按客戶劃分,何時按產品劃分。企業要確定哪些客戶是最有價值的客戶,並決定透過什麼方式與客戶一起達到價值的最大化。因此,企業在設立阿米巴組織時,就應該以客戶為範圍,進行流程的設計和安排。

客戶阿米巴能夠為客戶提供因人而異的產品和服務。針對不同類別的客戶群進行阿米巴劃分,有利於從客戶需求出發,進行產品和服務的組織,對不同類別的客戶有不同的產品或服務政策,較能滿足市場需求,適用於客戶類別非常重要的行業,如銀行業,將業務細分為私人客戶和企業類客戶。

案例:

某食品股份有限公司是一家集麵包、月餅、粽子等食品類生產、銷售為一體的全國知名企業,年產值近 20 億元。公司

第三章　阿米巴組織的劃分方法

共擁有 16 家全資子公司，在全國已擁有 12 家專業現代化的生產基地，在全國 12 個縣市及地區，建立幾十個零售終端，其中包括許多大型商超等。

1. 關鍵管理現狀和問題

該公司準備上市，對外需要進行擴張，預備人才嚴重不足，甚至找不出一個可以隨時呼叫的廠長人選和子公司負責人。

組織扁平化但職能發揮不夠。一些中高層管理人員身兼多重職能（總部的職能和子公司的職能，甚至總監做經理的事，經理做主管的事）；一些部門的職能不健全。例如，研發部門和採購部門，研發思路和採購策略完全掌握在老闆手中，部門負責人無法發揮部門的功效和職能。

沒有建立授權體系。在對子公司和母公司的管控上，沒有明確的思路和方向，完全依靠在位者的能力和職位高低，來確定經營子公司的職權，導致某些子公司的負責人權力過大，而出現失控狀態。

2. 匯入阿米巴之後的組織劃分

該公司匯入阿米巴經營模式之後，根據該公司的組織特點，按行政職能的範圍劃分阿米巴組織，並遵循「全盤規劃、逐步實施」的原則，將已經具備阿米巴組織特徵的部門成立阿米巴組織，對不具備阿米巴組織要求的部門，先進行規劃。

第四節　阿米巴劃分的範圍

(1)公司可成立阿米巴的組織有：銷售系統和生產系統。

(2)不具備成立阿米巴條件的組織有：人力資源部、財務部、研發部、採購部、物流部等。

(3)根據可成立阿米巴的組織層次和人力資源特徵，共劃分出 68 個阿米巴組織。

(4)共劃分 21 個銷售阿米巴（利潤型），以行政職能、客戶、區域等進行劃分，一級阿米巴 1 個、二級阿米巴 3 個、三級阿米巴 17 個。

(5)共劃分 47 個生產阿米巴（成本型），一級阿米巴 3 個、二級阿米巴 5 個、三級阿米巴 39 個。

其中，按照客戶範圍劃分阿米巴，主要有如下方法（如圖 3-7 所示）：

主要客戶	中小客戶	外埠客戶
·主要是大型超商客戶 ·客戶分布在某市區以內 ·此類客戶總計有 60 個	·某市區內，除主要客戶外的各類商店和店鋪 ·此類客戶按市內區域劃分 ·共有客戶 4,600 家	·某片區域所有客戶 ·此類客戶分布在偏鄉城市等區域 ·共有客戶 5,479 家

阿米巴團隊的劃分

·根據某市區的區域劃分，可形成 5 個阿米巴團隊	·根據分銷點的分布，可劃分為 9 個阿米巴團隊	·根據客戶區域的分布，可劃分為 3 個阿米巴團隊 ·3 個阿米巴團隊中包含 28 個客戶代理點

圖 3-7　按照客戶範圍劃分阿米巴

3. 操作演練

（1）按照行業和客戶重要程度進行客戶劃分。例如，保險公司可按照公務員、教育工作者、企業白領階級等，進行客戶的劃分和服務體系的打造，從而建構各自面對專項客戶的阿米巴。

> 思考：公司按照客戶範圍劃分阿米巴的團隊有哪些？

（2）可按照客戶的重要程度、收入水準等進行阿米巴的劃分。例如，銀行可將客戶分為超級大客戶、大客戶、中級客戶、小客戶等，從而建構針對性的阿米巴。

三、匯總公司不同範圍的阿米巴

企業在劃分阿米巴的過程中，管理者需要知道阿米巴組織劃分的兩個著眼點：一是策略思考，二是組織變革。企業總部在把基本營運權力下放給阿米巴的同時，可以專注於公司策略制定、投融資管理、商業模式研究等高階職能，以提升集團整體營運能力和水準。

操作：

將阿米巴組織進行劃分，並匯總至阿米巴組織範圍分類表。

成果 6　阿米巴組織範圍分類表					
時間：＿＿＿＿　填表人：＿＿＿＿					
阿米巴團隊名稱	級別	範圍分類			

第五節　阿米巴劃分的步驟

阿米巴組織劃分步驟，主要按阿米巴劃分組合範圍來進行。

第一步：規劃集團一級阿米巴。按照綜合職能、區域、產品、價值鏈，劃分出一級阿米巴。

以某地產公司為例，該公司集團按照綜合職能和價值鏈，將集團職能劃分為 13 個專業職能一級阿米巴；按照區域範圍，劃分 1 個城市一級阿米巴；按照業務範圍，劃分若干個地產專案一級阿米巴，如物業管理一級阿米巴、園林景觀一級阿米巴等（如圖 3-8 所示）。

◆ 第三章　阿米巴組織的劃分方法

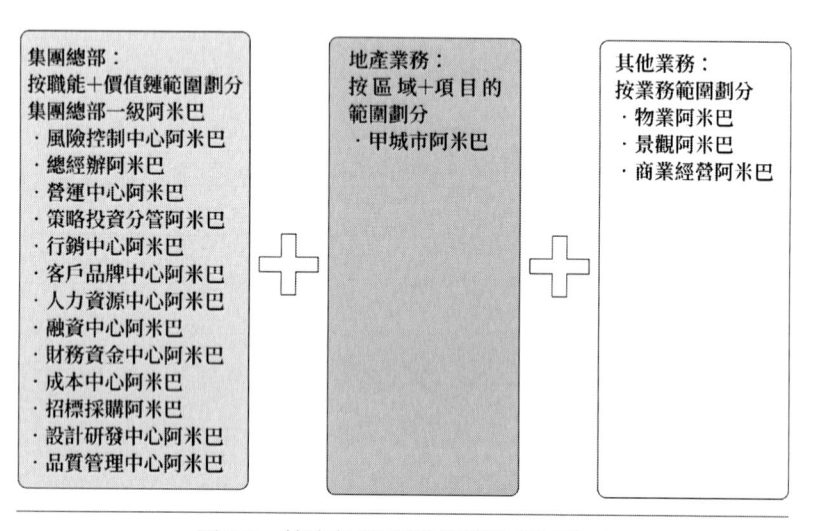

```
┌─────────────────────────┐      ┌─────────────────┐      ┌─────────────────┐
│ 集團總部：               │      │ 地產業務：       │      │ 其他業務：       │
│ 按職能＋價值鏈範圍劃分   │      │ 按區域＋項目的   │      │ 按業務範圍劃分   │
│ 集團總部一級阿米巴       │      │ 範圍劃分         │      │ ・物業阿米巴     │
│ ・風險控制中心阿米巴     │      │ ・甲城市阿米巴   │      │ ・景觀阿米巴     │
│ ・總經辦阿米巴           │  ＋  │                  │  ＋  │ ・商業經營阿米巴 │
│ ・營運中心阿米巴         │      │                  │      │                  │
│ ・策略投資分管阿米巴     │      │                  │      │                  │
│ ・行銷中心阿米巴         │      │                  │      │                  │
│ ・客戶品牌中心阿米巴     │      │                  │      │                  │
│ ・人力資源中心阿米巴     │      │                  │      │                  │
│ ・融資中心阿米巴         │      │                  │      │                  │
│ ・財務資金中心阿米巴     │      │                  │      │                  │
│ ・成本中心阿米巴         │      │                  │      │                  │
│ ・招標採購阿米巴         │      │                  │      │                  │
│ ・設計研發中心阿米巴     │      │                  │      │                  │
│ ・品質管理中心阿米巴     │      │                  │      │                  │
└─────────────────────────┘      └─────────────────┘      └─────────────────┘
```

圖 3-8　某地產公司集團總部各級阿米巴

第二步：根據業務劃分各級阿米巴。按職能範圍劃分總部一級阿米巴下屬的二級阿米巴。例如，在營運中心阿米巴劃分：經營管理部阿米巴、計畫營運部阿米巴、流程資訊部阿米巴；在行銷中心阿米巴劃分：銷售管理部阿米巴、策劃管理部阿米巴、通路管理部阿米巴；財務中心阿米巴劃分：財務管理部阿米巴、資金管理部阿米巴；成本管理中心阿米巴劃分：成本合約部阿米巴、工程造價部阿米巴；設計研發中心阿米巴劃分：設計管理部阿米巴、產品研發部阿米巴、設計部阿米巴等。

操作：

按照阿米巴劃分組合範圍，分步驟劃分一級阿米巴和二級阿米巴。

第六節 阿米巴劃分之職能切分

組織規劃模組，主要解決架構、流程權責、職位體系和關鍵職責的問題。

策略向下傳遞，組織架構承接，組織架構顯示跨層級組織機構的運作關係，重心在於清楚闡釋集團與下屬部門的管控關係。想要發展新業務，可以獨立設定阿米巴，不同的業務板塊，要分設不同的組織來承擔責任。

除了關注組織架構外，還要關注職能切分。阿米巴組織的職能切分，主要基於橫向的價值鏈，遵循分工和專業化原則，劃分集團職能和部門職能。同時，將各項職能具體化，使之能夠執行和落實。

卓越的企業，其職能切分清晰，職能部門由IT、採購、財務、人事等組成，各部門的團隊搭建都較為完善。結構和層級明確，每個職能部門都設定相應規模大小的團隊。

有一房地產公司，該公司的控股集團、地產集團組織、區域（城市）公司、事業部（專案）的職能劃分，重點內容如下：

1. 控股集團：逐步過渡到投資型管控，過渡期負責區域公司關鍵業務審批及資源協調和統籌。

2. 大區域公司對城市公司：關鍵業務管控型。

3. 區域公司對事業部：管控型。

◆ 第三章　阿米巴組織的劃分方法

4. 城市公司：管控＋業務實現。

5. 事業部：業務實現型。

【範例】集團職能與部門職能切分（見表 3-4）

表 3-4　集團職能與部門職能切分

職能	集團職能	部門職能
項目拓展	投資趨勢分析研究、投資決策審批	履行項目獲取職能
項目定位	項目定位報告備案、概念方案備案	市場調研、項目定位、項目概念方案執行及授權之內職能
產品研發	產品系成果審批	產品標準化、產品研發
採購	建立供應方庫存及策略採購、資源策略採購	使用策略採購、供應方庫存等，在供應方庫存內，由大區域確定
成本	建立目標成本體系標準	標準化建設：價格資料庫建設、目標成本管控等

第六節　阿米巴劃分之職能切分

職能	集團職能	部門職能
營運	建立制度、流程、權責體系	內控體系、組織授權、 經營計畫目標、 項目計畫監控等
行銷	年度銷售計畫備案、 行銷策略和價格備案	銷售體系、價格策略制定審批、 銷售計畫等
融資	投融資結構體系建立、 搭建投融資平臺	制定融資實施方案並推進； 負責融資開展項目、融資協議審批； 負責開發貸審批等
財務	財務預算及資金計畫	授權內職能
人力	人力策略、組織管控、 薪酬策略；核心組織成員	授權內職能
品牌文化	品牌文化策略規劃、 品牌文化體系建立、 品牌文化執行監控	品牌文化執行

第三章 阿米巴組織的劃分方法

職能	集團職能	部門職能
策略	集團策略制定及推進	策略制定並報請上級批准集團策略執行
資訊	資訊系統建立、業務規劃統籌	執行與業務對接

成果 7　阿米巴組織職能表

序號	阿米巴組織名稱	阿米巴核心職能描述
1	集團總部阿米巴	（1）制定控股集團各業務發展策略及經營目標，提供相應資源支持，監督目標達成 （2）完善控股集團在組織機制、資訊、風控系統等方面的基礎體系建設，保障組織有效運行 （3）對業務進行全面的管控和後臺支持，對各業務組織進行策略風控、資本營運、人力、行政、品牌等方面的管控和後臺支持 （4）拓展與集團總部職能相關的外部收入來源 （5）為業務部門拓展提供業務孵化基礎 （6）建立並維護集團標準化營運管理體系，穩固管理基礎 （7）深化企業文化建設，宣傳經營理念，提高團隊合作力

第六節　阿米巴劃分之職能切分

序號	阿米巴組織名稱	阿米巴核心職能描述
2	投資發展管理阿米巴	(1) 根據集團策略目標分解投資發展、行銷客服管理業務的經營目標和計畫，監督業務進展，完成集團下達的經營目標 (2) 負責管理主業務與相關業務，區域的工作協調和統籌，根據需求合理分配公司資源
3	項目營運阿米巴	(1) 根據集團策略目標分解產品研發、項目管理、營運內控管理業務的經營目標和計畫，監督業務進展，完成集團下達的經營目標 (2) 負責管理主業務與相關業務，區域的工作協調和統籌，根據需求合理分配公司資源
4	產品研發中心阿米巴	(1) 制定設計供方入選標準及建立評價體系 (2) 制定、完善設計標準合約及付款方式規範，並監督使用情況 (3) 完善公司產品設計標準 (4) 制定設計計畫管理、設計工程品質管理、成本控制管理、設計變更管理、研發系統會議管理、設計資訊管理等標準 (5) 審核概念方案、強排方案 (6) 組織規劃方案評審

第三章　阿米巴組織的劃分方法

序號	阿米巴組織名稱	阿米巴核心職能描述
5	策略採購部阿米巴	（1）負責供方標準界定、資料庫建立及入庫資訊審核 （2）負責建立集團招標採購制度、工作範本及成果標準，並落實策略採購和集中採購事項
6	資本營運管理阿米巴	（1）根據集團策略目標分解融資、財務、法務分管業務的經營目標與計畫，監督業務進展，完成集團下達的經營目標 （2）負責分管業務與相關業務、區域的工作協調和統籌，根據需求合理分配公司資源

第六節　阿米巴劃分之職能切分

序號	阿米巴組織名稱	阿米巴核心職能描述
7	財務管理中心阿米巴	(1) 建立健全公司財務管理體系、財務制度與流程，並監督實施 (2) 負責追蹤、分析國家與地方稅收法規、政策的變化，並對照集團業務模式進行研究，制定符合規範的核算模式 (3) 負責制定及持續完善集團各項涉稅統計報表範本，並予以推行 (4) 負責制定稅務策略方案，進行集團整體稅務規劃，組織制定區域公司實施稅務籌劃方案，並追蹤完善 (5) 負責審核和監督集團各經營主體涉稅費用預算及納稅計畫的執行，指導、監控各種稅金的繳納及各類稅務事宜的辦理 (6) 組織建立集團全面預算管理制度（含預算科目、預算標準、預算編制原則與流程、預算調整原則及流程），並予以推行

第三章　阿米巴組織的劃分方法

序號	阿米巴組織名稱	阿米巴核心職能描述
7	財務管理中心阿米巴	(7) 負責綜合各中心（部門）、各子公司財務預算，統籌編製集團年度、季度與月度資金預算，並監督集團各級預算的執行情況 (8) 定期編製集團財務分析報告，對集團預算目標、資金安排及籌措情況等進行動態分析及追踪 (9) 組織制定修訂集團各項會計制度和核算規範，制定會計科目設置標準，並規範集團內部核算制度 (10) 負責依據國家會計準則制定各類對內對外報表的編製制度與規範，制定及細化報表範本，並予以推行 (11) 掌握資金運作情況，分析各項目資金運作現狀、資金計畫和資金實際收支情況並及時回饋資金資訊，保證資金供應，做好資金統籌調撥，提出加快資金周轉速度的建議 (12) 負責建立完善資金管理制度和資金使用審批流程，對資金使用建立制度規範和標準 (13) 負責對各地子公司的收支進行即時追踪監督與控制 (14) 負責對集團的固定資產的使用、增減、轉移、報廢等一切變動情況進行監督和檢查

第六節　阿米巴劃分之職能切分

序號	阿米巴組織名稱	阿米巴核心職能描述
8	人力資源中心阿米巴	(1) 編製、維護集團人力資源管理制度（薪酬、激勵、招聘、培訓、考勤、請假、休假、轉正、晉升、離職等）及對應流程、表單並監督執行 (2) 制定集團人力資源規劃並組織實施 (3) 編製、維護集團組織管理手冊並統一發布 (4) 總部所有人員 / 事業部副總級及以上 / 區域部門負責人及以上或關鍵職位人員面試、錄取、轉正、辭退、競聘、離職審批 (5) 培訓、指導並組織實施集團績效考核工作，統籌各級績效考核的模式、流程、數據蒐集與分析、報告編製等,，形成績效考核結論 (6) 調解和處理集團總部及各區域公司員工上報至集團的勞資方面的申訴與糾紛，組織完成總部員工勞動合約簽訂 / 管理等工作，解決合約執行過程中出現的勞動爭議 / 糾紛和訴訟等 (7) 進行培訓需求的研究分析，制定年度人員訓練計畫並監督實施

第三章　阿米巴組織的劃分方法

序號	阿米巴組織名稱	阿米巴核心職能描述
9	XX區域本部阿米巴	(1) 負責本區域除項目建造以外的綜合營運、項目管理、市場行銷模組各職能的落實 (2) 完成集團下達的經營目標，監督下轄事業部在成本、工期、品質等方面的管理 (3) 根據區域年度計畫，編製各模組年度和月度工作計畫，並負責計畫的執行和控制 (4) 各職能模組對應集團各條線，依據集團要求及本區域實際情況修訂並完善各專業模組的管理制度、管理流程、工作模板及成果標準等

操作：

基於價值鏈，進行公司職能切分。

第四章
阿米巴組織的核算形態與運作

第四章　阿米巴組織的核算形態與運作

要做好阿米巴經營，必須先對這些阿米巴組織進行定位，整理管控和運作要點。這也是各阿米巴負責人對本阿米巴團隊的頂層設計。透過確立阿米巴組織核算形態，幫助企業打開思路。阿米巴組織的核算形態與運作內容如圖 4-1 所示。

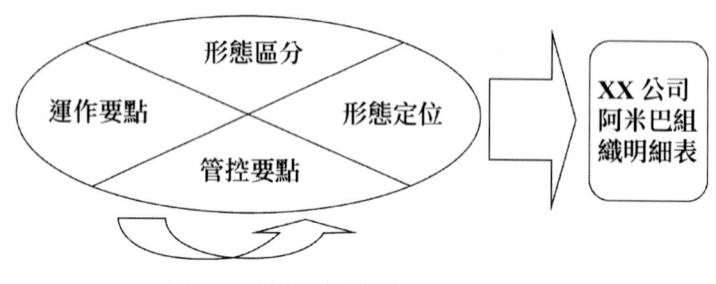

圖 4-1　阿米巴組織的核算形態與運作

本章目標：

1. 理解：阿米巴核算形態及其意義。

2. 操作：確認阿米巴的不同核算形態。

3. 操作：分析不同核算形態阿米巴的管控要點。

4. 操作：分析不同核算形態阿米巴的運作要點。

5. 操作：各阿米巴權責與經營模式界定。

形成成果

1. 阿米巴核算形態表。

2. 阿米巴組織管控與運作。

3. 阿米巴團隊劃分的層級及形態 (經營模式)。

第一節　阿米巴組織的核算形態

提示：

一、阿米巴組織的四種核算形態

阿米巴團隊有四種核算形態，即資本型、利潤型、成本型和預算型。

阿米巴團隊劃分適用於企業的任何一個部門、單位，根據四種形態，可以更加確立各阿米巴的性質。一個大阿米巴可以包含不同形態的多個小阿米巴，具體根據工作性質劃分。不要誤認為一家公司或一個阿米巴一定是一種統一的形態。

阿米巴的四種核算形態，如表 4-1 所示：

表 4-1　阿米巴的四種核算形態

形態名稱	名稱釋義	關鍵指標	適用範圍	異同比較
預算型	以控制經營費用為主的阿米巴組織	預算與品質	多出現於支撐部門	既可控制成本，也可提供最佳服務品質

第四章　阿米巴組織的核算形態與運作

形態名稱	名稱釋義	關鍵指標	適用範圍	異同比較
成本型	對成本和費用承擔控制、考核責任的中心	成本降低	只要有成本費用的地方都可以成立成本型阿米巴	降低成本不影響品質，對成本具有可控性
利潤型	既對成本負責，又對收入利潤負責的阿米巴組織	利潤成長	多出現於行銷部門，也可用於能構成完整交易的生產及管理部門	既對收入負責，也對成本費用負責
資本型	既對成本、收入和利潤負責，又對投資效果負責	投資報酬率	子公司、分公司	既對收入負責，也對成本費用負責，還對資產負責；最高形態阿米巴

二、阿米巴四種核算形態之間的關係

1. 相互之間的差別

　　利潤型阿米巴具有對外的張力；成本型阿米巴不太可能具有對外的張力。比如，公司規定今年的費用是 1,000 萬元，那

第一節 阿米巴組織的核算形態

麼作為成本型的阿米巴,因為它參照的標準是成本,所以不太可能具有對外的張力。

預算型的阿米巴,企業並不要求,也並不希望該阿米巴過多地去降低既定的預算金額。因為如果預算金額降低了,就很有可能造成產品品質的下降。比如培訓費用,如果公司預算是300萬元／年,要減少預算是很容易的,例如少講幾節課就可以了。但如果公司培訓部門規定,300萬元一定要聽300場,不能減少,那可不可以降低呢?降低成本不能以犧牲品質為前提。而成本型阿米巴是期望降低成本,同時又不以犧牲品質為前提的。

資本型和利潤型阿米巴的差別在於：一個是追求投資報酬,另一個是追求利潤。所謂的利潤,是建立在利潤率的基礎上,而利潤率又與公司資金的回收週期相關。

> 思考：四種核算形態的差別在哪裡？

2. 相互之間的轉化

從阿米巴的四種核算形態來看,它們是可以不斷發生變化的。阿米巴核算的四種形態,既有差別,也有關聯,同時它們又可以很靈活地相互轉化。

第四章　阿米巴組織的核算形態與運作

(1) 預算型阿米巴轉化為成本型和利潤型阿米巴。

一家公司的人力資源部，可能在這個時段裡屬於預算型阿米巴，在另一個時段裡，又屬於成本型阿米巴或利潤型阿米巴。所有職能部門的管理職能，都可以分為兩個部分：第一個是服務職能，第二個是管控職能（如圖 4-2 所示）。

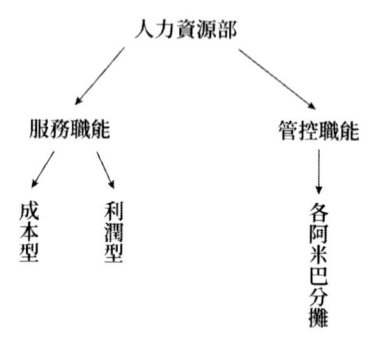

```
              人力資源部
            ↙         ↘
      服務職能        管控職能
       ↙   ↘            ↓
     成本型 利潤型     各阿米巴分攤
```

圖 4-2　人力資源部的管理職能

作為人力資源部，為其他部門進行應徵，就是服務職能。所有的服務職能，都可以轉化為市場行為，進行交易。也就是說，一個人力資源部，已經定位為預算型的阿米巴，但當我們把人力資源部的功能進一步細分為服務職能和管控職能時，那服務職能其實可以把它變成一個成本型的阿米巴，或利潤型的阿米巴，因為有其他部門去購買人力資源部的服務。服務可以被購買，而管控職能沒有人願意買，怎麼辦呢？它的費用就進行分攤。

第一節　阿米巴組織的核算形態

所以，預算型的阿米巴可以轉化為成本型和利潤型阿米巴。

案例：

一家留學服務機構有一家商學院，主要對公司內部員工進行培訓，包括一般性公司規定的制度培訓、技能培訓、特殊培訓（英語口語的培訓）。

顧問在對這家公司進行阿米巴劃分時，把這個商學院建立成一個利潤型阿米巴，即所有的培訓專案，能購買的，盡量內部定價，進行交易；不能購買的，計算一下需要多少人，需要多少時間，需要多少費用，然後按照一個範圍或比例，分攤到其他阿米巴裡。

這個商學院的負責人，把科目分等級，把他們的老師也分等級。按照老師的級別、課時，做成一個價格表，然後按課程難易度，也做了一個價格表，內部實行市場化。

同時，由於這個商學院並不是公司的核心業務，公司鼓勵它對外營業，可以到外面講課。比如說如何做好PPT，這是公司內部的一個課程，這個阿米巴的講師，也可以到外面去講課。如果招生情況不錯，產生收入，就變成一個利潤型阿米巴。

(2)成本型阿米巴可以轉化為利潤型阿米巴，甚至可以轉化為資本型阿米巴（如圖4-3所示）。

第四章　阿米巴組織的核算形態與運作

> 思考：利潤型阿米巴轉化為資本型阿米巴，其實施路徑是什麼？

一家公司的生產部是一個成本型阿米巴，生產部會透過公司的 BUM（業務團隊）清單，建立一個生產產品的標準價格。生產部參照這個標準，來考量部門的貢獻：高於標準，生產部就會虧損；低於標準，生產部就有盈餘。但是作為一個阿米巴，其動力來源於「銷售收入的最大化，成本費用的最小化」。生產部在保證供應公司內部，而又不傷害公司競爭力的前提下，是否可以對外接單呢？如果可以，那麼它就是一個利潤型阿米巴，而不是一個成本型阿米巴。

圖 4-3　成本型阿米巴的轉化

案例：

有一家大型連鎖超市集團，該集團所有的超市都是直營的，集團總部對每一家超市都建立了一個利潤指標，超過這個

第一節 阿米巴組織的核算形態

指標,就可以分享,但這樣集團總部與超市管理層容易產生矛盾。這家公司匯入阿米巴經營模式之後,將企業設計成一個平臺,只有這樣,才能坐大。集團總裁為什麼非要讓門市完全在你的掌控之下呢?每一家超市絕大部分商品的採購來源是透過集團總部管控的,而且總部不斷地有監督審計人員去指導超市管理層。總部不如把超市直接交給員工,讓他們在企業內部進行創業,透過內部員工創業的機制,讓公司股份化。

這樣一來,這家超市本身對企業和以前的股東來說,它就是一個資本型阿米巴。

企業平臺化、員工創業者化之後,也就解放了老闆。員工成為經營者,自主經營,獨立核算。每家超市、店面根據它的資產狀況,根據它以前的盈利狀況,形成利益分享機制。

三、如何辨識不同核算形態的阿米巴組織

1. 資本型的核算形態

資本型的核算形態,即這個阿米巴由公司股東投入了多少資產、資本,則回報多少給公司即可。至於利潤多少,不作為這個阿米巴負責人的考核指標。資本型阿米巴的考核指標是投資報酬或者 EVA(經濟附加價值)。資本型阿米巴既對成本、收入和利潤負責,又對投資效果負責。

第四章　阿米巴組織的核算形態與運作

案例：

某家知名飲料企業匯入阿米巴經營模式之後，在集團總部建立了投資中心，財務部門作為投資中心內部專司財務運作管理的職能部門。財務部門以資金管理為中心，動員並控制資金的使用。資金控制需要從流入、流出兩方面著手，建立企業內部結算中心。

投資中心財務部門對各阿米巴組織採取適當方法加強管理，除日常財務監督外，大力推行經營會計，建立責任控制與業績評價制度。這個工作包括阿米巴組織的劃分、責任指標的設立、指標核算的開展、業績評價及與獎懲掛鉤等環節。

企業還可以根據實際情況，設為不同性質的阿米巴團隊。一級阿米巴內部可以進一步劃分為若干阿米巴。各級阿米巴團隊都需有明確負責人，較低一級負責人對其上一級負責人負責。阿米巴管理者對其責任範圍內的事務，必須能夠控制或發揮影響，對一般事務享有管理權，對重大事務提出方案，報上一級阿米巴負責人批准。

> *思考：公司是否有必要設立資本型阿米巴組織？*

2. 利潤型的核算形態

利潤型核算形態，即要求該阿米巴在規定的時間內完成一定的利潤目標，達到考核指標，主要的一級指標是利潤。

利潤型阿米巴是既對成本負責，又對收入和利潤負責的阿米巴組織。它有獨立的或相對獨立的收入和生產經營決策權。它追求的是利潤，而不僅僅是成本的降低。利潤型阿米巴的權利和責任，都大於成本型阿米巴。

利潤型阿米巴的劃分程度，應根據企業管理的要求而定（有些部門既可以作為利潤中心，也可以作為成本中心，對這些部門的劃分，要進行利弊權衡）。

利潤型阿米巴的特點：

(1) 獨立性──利潤型阿米巴對外雖無法人資格，但對內卻是相對獨立的阿米巴經營組織，在產品售價、採購來源、人員管理及裝置投資等方面，均享有高度的自主性。

(2) 獲利性──每一個利潤型阿米巴都會有一張獨立的損益表，並以其盈虧金額來評估其經營績效。所以，每一個利潤型阿米巴有一定收入與支出。非屬對外的營業部門，就需要設定內部交易和服務的收入，以便計算其利潤。

> 思考：公司目前可劃分為利潤型的阿米巴組織有哪些？

3. 成本型的核算形態

成本型核算形態，即相對一個標準成本而言，實際成本和標準成本之間的差異，就是該阿米巴的收益。

成本型阿米巴是其負責人只對其成本負責的團隊，是指只對成本或費用負責的阿米巴。成本型阿米巴的範圍最廣，只要有成本費用發生的地方，都可以建立成本型阿米巴，從而在企業形成逐級控制、層層負責的成本中心體系。在阿米巴組織結構中，每個部門都與一個或幾個成本中心掛鉤。在交易中，可以把不同的成本中心費用納入不同的成本中心，以核算一個分部、一個區域、一條產品線，甚至一個專案小組的成本。

成本型阿米巴具有只考慮成本費用、只對可控成本承擔責任、只對責任成本進行考核和控制等特點。其中，可控成本具備三個條件，即可以預計、可以計量和可以控制。這裡的可控性與具體的責任中心相連結，不是某一個成本專案所固有的性質。

企業為了劃分所屬各生產部門成本計算和成本控制的職責範圍，通常設立若干個成本型阿米巴。成本型阿米巴只需控制成本，而無控制銷售收入的職責。作為成本型阿米巴，其主要職責是協助利潤型阿米巴進行相關的行銷活動。例如，成本型阿米巴可以協調其他阿米巴與客戶之間的關係，協調其他阿米巴進行市場的推廣，幫助其他阿米巴分析和開發相應的客戶。

第一節　阿米巴組織的核算形態

> 思考：公司目前可劃分為成本型的阿米巴組織有哪些？

4. 預算型的核算形態

很多職能部門沒有明顯的收入和支出，那麼可以把人工費用的預算作為整個阿米巴的收入，而實際發生的人工和經費，作為整個阿米巴的支出。這類阿米巴不能直接為公司創造利潤，也不大可能為公司降低成本，但是它可以在預算的範圍內努力做好管理工作。簡單來說，就是你賺不到錢，就不要多花別人的錢；你賺不到錢，就不要亂花別人的錢。

預算型阿米巴更要對工作或服務品質進行關注和量化評估，是以控制經營費用為主的阿米巴組織。預算型阿米巴很重要的職能是對工作的驗收、費用的細分。其最大的優點是既可控制費用，又可提供最佳的服務品質，缺點是不易衡量績效。

預算型阿米巴最主要的特點，就是在預算過程的全員發動，包含兩層含義：一層是指預算目標的層層分解。人人有責任，讓每一個阿米巴團隊的成員都學會算帳，樹立「成本」、「效益」意識。另一層是企業資源在各阿米巴之間的協調和科學配置的過程。透過各職能部門和阿米巴團隊對預算過程的參與，各阿米巴團隊的作業計畫和公司資源，透過透明的程序進行分配，從而可以分清輕重緩急，實現對資源的有效配置和利用。

◆ 第四章 阿米巴組織的核算形態與運作

> 思考：公司目前可劃分為預算型的阿米巴組織有哪些？

成果 8　XX 公司阿米巴核算形態表	
時間：＿＿＿＿＿　　填表人：＿＿＿＿＿	
阿米巴團隊名稱	核算形態

第二節　不同形態的管控與運作

提示：

本節內容需要深刻理解其原理，從宏觀上掌握不同形態阿米巴的組織任務和特點，並按照提示，整理出管控和運作思路。

一、不同形態阿米巴的管控

(一) 資本型阿米巴

1. 資本型阿米巴的主要任務及組織形式

　　資本型阿米巴的目標是追求資本的持續增值。這個目標決定了資本型阿米巴的財務工作不同於一般產品經營企業或專案財務工作。財務部門作為資本型阿米巴內部專司財務運作管理的職能部門，主要任務有：負責會計核算；統籌排程資金；進行專案財務效益與風險分析；參與責任控制與業績評價工作。這些工作任務直接影響財務機構的設定。傳統的財務管理組織機構，必須從橫向和縱向上分別加以改造（如圖 4-4 所示）。此外，資本型阿米巴財務的機構設定，必須適應企業集團的組織管理體制要求。

　　企業集團資本型阿米巴一般設在集團公司總部，企業可按投資額大小或專業化，要求設投資分中心。對資本型阿米巴本身的業績評價工作，必須提到議事日程上，這是企業集團強化內部管理、建立內部激勵機制的出發點。

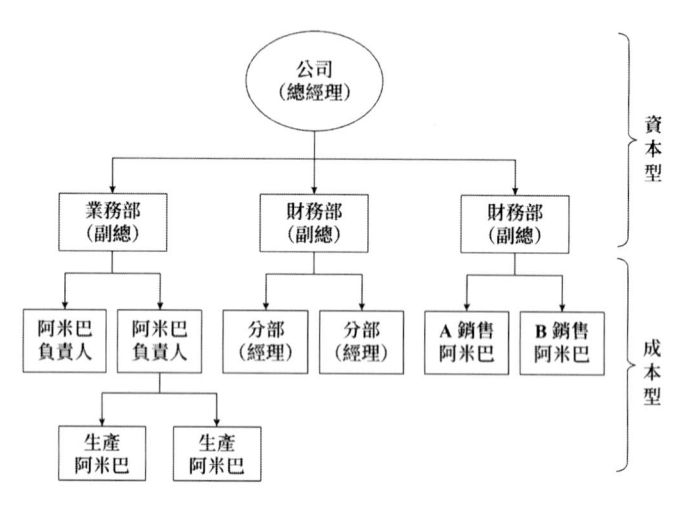

第四章 阿米巴組織的核算形態與運作

圖 4-4 資本型阿米巴的組織形式

2. 資本型阿米巴與股權激勵的關聯

資本型阿米巴是最高形態的阿米巴組織，它擁有最大的決策權，也承擔最大的責任。資本中心必然是利潤中心，其獲利能力與其所使用創造利潤的資產相連結。但利潤中心並不都是資本中心，利潤中心沒有投資決策權，而且在考核利潤時，也不考量所占用的資產。

推行資本型阿米巴是很好的方式，這是和它的股權激勵相連結起來的。預算型、成本型、利潤型等核算形態的阿米巴，都可以採用薪資加適當獎金的方式來處理，而推行資本型阿米巴，最好能夠和資本結構──即股權──連結起來。

第二節　不同形態的管控與運作

> 思考：資本型阿米巴的運作模式是什麼？

(二) 利潤型阿米巴

1. 組織任務

劃分利潤型阿米巴，既有利於提高經營者的積極性和主動性，也有利於提高目標管理、預算管理等制度的實施效率，從而有利於企業策略目標的實現。利潤型阿米巴在策略控制、財務控制上的動態循環，如圖 4-5 所示。

大的利潤型阿米巴下面可以設定若干成本中心或小的利潤中心。隨著企業規模的進一步擴大，僅有成本中心已不能適應企業策略發展的要求，企業需要下分若干個利潤中心；對大中型企業而言，其下面可以設定二級投資型阿米巴，二級投資型阿米巴下再設若干個利潤型阿米巴。

2. 必須結合目標管理制度來推行

企業為追求未來的發展與創造高收益，現行的功能性組織已無法適應發展需求。企業劃分利潤型阿米巴，事實上就是實施分權的制度。但為求適當的控制，總公司的領導階層仍需對各利潤型阿米巴承擔應承擔的責任，即由雙方經過諮商，訂立

第四章 阿米巴組織的核算形態與運作

各阿米巴的目標,同時賦予執行的權力,並對最後的成果負責。在目標執行過程中,設定一套完整的、客觀的報告制度,定期提出績效報告,從中顯示出的目標達成的差異,不但可以促進各阿米巴採取改善措施,還可作為總公司考核及獎懲的依據。

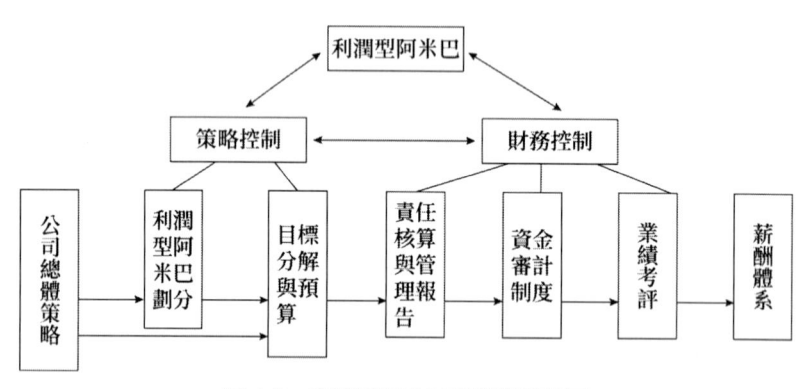

圖 4-5　利潤型阿米巴的動態循環圖

因此,利潤型阿米巴的推行,必須結合目標管理制度,才不至於空有組織架構,而缺乏達成公司目標及評估各利潤型阿米巴績效的管理方式。

3. 多模式利潤型阿米巴

企業和企業集團內部的利潤型阿米巴獨立核算:企業管理者可以對內部利潤型阿米巴的營運成果(包括內外部收入、成本費用、利潤的情況)進行及時、準確的了解,為管理控制與考核評價提供依據。

第二節　不同形態的管控與運作

　　事業部營運模式的內部核算：按照事業部方式營運而不是按照公司營運的企業集團，透過傳統「以公司為主體進行會計核算」來反映事業部的經營成果已不可能，需採用利潤中心會計提供解決方案。

　　企業集團下跨公司的產品線（業務線）的獨立核算：對於矩陣式管理的企業集團，按照產品線（業務線）和公司組織的方式來分別核算，了解集團的產品線（業務線）的盈利情況，需要跨公司反映產品線（業務線）的經營業績。

　　企業內部利潤型阿米巴之間的內部結算：由於企業採取了內部市場機制，各利潤中心之間提供的內部產品（服務），需要進行內部結算，而不用進行外部結算，需要利潤中心會計提供內部結算的方案。

　　成本費用的分攤以及精細化的利潤型阿米巴核算：核算的對象為成本型阿米巴，且需要根據客戶需求，分產品、客戶、地區等層面核算。

> *思考：利潤型阿米巴的運作模式是什麼？*

第四章　阿米巴組織的核算形態與運作

(三) 成本型阿米巴

　　成本型阿米巴可分為基本成本中心和複合成本中心。前者沒有下屬成本中心，後者有若干個下屬成本中心。基本成本中心的成本控制情況，要向上一級責任中心負責。

> 思考：成本型阿米巴的運作模式是什麼？

成本型阿米巴的組織結構如圖 4-6 所示。

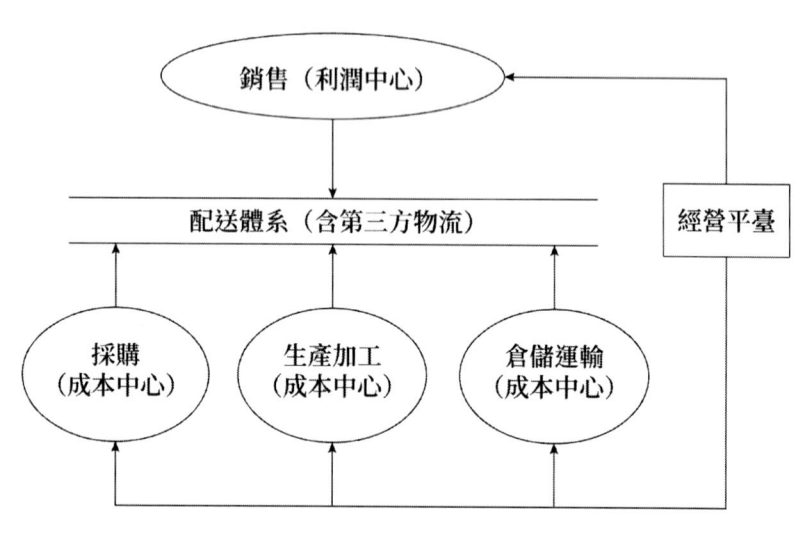

圖 4-6　成本型阿米巴示意圖

(四) 預算型阿米巴

概括起來，預算型阿米巴主要展現以下管理價值：

第一，以目標利潤為主線，提高了員工的工作積極性。這是因為公司在下達預算任務的時候，要下達到阿米巴團隊，阿米巴團隊再下達到各個班組，從高層領導者到每個阿米巴成員，都知道自己的任務是什麼，要為完成這個目標利潤去積極努力。

第二，透過預算管理，使從公司總部到基層的阿米巴組織，從上至下養成了降低成本、控制能源消耗的行為習慣。

> 思考：預算型阿米巴的運作模式是什麼？

第三，可以正確評價各個阿米巴團隊的業績。這個預算和考核結合，每個月對各阿米巴團隊進行考評，把考評結果與薪資和獎金掛鉤，透過這個評價，讓阿米巴團隊知道自己在這個月所做的成績。

操作：

規劃不同核算形態阿米巴的管控思路。

◆ 第四章　阿米巴組織的核算形態與運作

編號	阿米巴名稱	核算形態	運作要點

二、不同核算形態阿米巴的運作策略

1. 總部的職能與阿米巴運作

在不同管理模式下，總部功能定位有所不同，對阿米巴的管理重點也有差異，職能部門設定也應有所變化，以支持相應管理模式的順暢執行。例如，一家匯入阿米巴經營模式的企業，其總部職能部門設定策略發展中心、技術品質中心、營運管理中心、人力資源中心、行政管理中心、財務管理中心等。具體情況可參考下面這個案例（如表4-2所示）。

表4-2　××公司總部核算形態定位

層次	定位	運作要點
集團總部	策略決策中心	對集團的整體策略負責
	投資決策中心	集團總部對其所屬企業投資擁有決策控制權，只有這樣才能有效地保證集團能將有限資金投入集團策略需求上

第二節 不同形態的管控與運作

層次	定位	運作要點
集團總部	資源配置中心	集團總部根據策略及各阿米巴團隊的具體情況,決定集團資源如何在各阿米巴團隊之間配置,集團總部是各阿米巴的資源配置中心
	宏觀調控中心	由公司總部調度、調配阿米巴的產品生產、服務以及營運

(1)策略決策中心:在整個體系運作過程中,公司總部決策中心主要承擔策略框架制定、策略目標下達、計畫審批以及實施監控等職能(如圖4-7所示)。而各子公司(各級阿米巴)主要承擔策略制定、計畫細節化與挑戰、計畫實施以及偏差分析等職能。

(2)投資決策中心:集團總部對其所屬企業(各級阿米巴)投資擁有決策控制權。集團所有投資,必須置於集團總部的掌控之中,只有這樣,才能有效地保證集團將有限資金投到集團策略需求上,保證集團的發展方向符合集團策略。集團總部財務全面掌握集團財務資源,是集團投資決策的主要參與者之一,成為集團的投資決策財務控制中心。

(3)資源配置中心:按集團策略需求,每年對各阿米巴下達任務。集團總部掌握集團內人、財、物等方面的資源配置權,要完成任務,接受任務的阿米巴團隊就往往要向總部討資源,因此,人力、財務、物力資源需要在集團內部進行有效配

第四章　阿米巴組織的核算形態與運作

置,以保證集團內各阿米巴有足夠的條件來完成其預算。這個資源配置中心,既不能由集團各阿米巴自行決定,也不能由市場決定,需要集團總部根據集團策略、集團資源保有量及各阿米巴團隊的具體情況,經過綜合分析,決定集團資源如何在各阿米巴團隊之間配置。

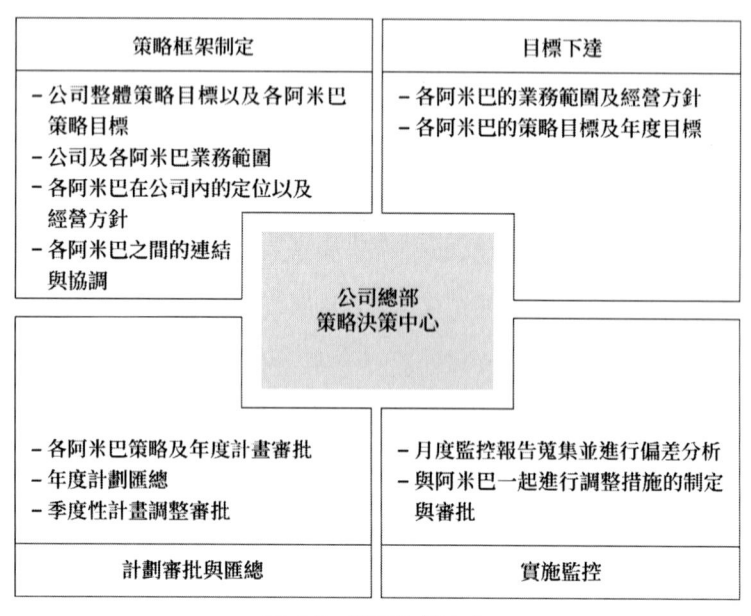

策略框架制定	目標下達
- 公司整體策略目標以及各阿米巴策略目標 - 公司及各阿米巴業務範圍 - 各阿米巴在公司內的定位以及經營方針 - 各阿米巴之間的連結與協調	- 各阿米巴的業務範圍及經營方針 - 各阿米巴的策略目標及年度目標
- 各阿米巴策略及年度計畫審批 - 年度計劃匯總 - 季度性計畫調整審批	- 月度監控報告蒐集並進行偏差分析 - 與阿米巴一起進行調整措施的制定與審批
計劃審批與匯總	實施監控

中間:公司總部策略決策中心

圖 4-7　策略決策中心

(4)宏觀調控中心:宏觀上,總部需要統一調配、統一指揮。比如,要某個阿米巴移除一個產品,因為和另外一個阿米巴是相衝突的;要一個阿米巴取消某種服務,因為這個功能要拿到母公司;要一個阿米巴從利潤中心變成成本中心;要這個

第二節　不同形態的管控與運作

阿米巴與另外一個阿米巴合併。這種排程、調配，必須由母公司作為唯一中心來發出，因為是唯一中心，減少了話語的多樣性和利益的多重性，所以它的運作思路能更清晰。

> 思考：如何進行利潤型阿米巴的運作？

2. 利潤型阿米巴的運作

在阿米巴經營的需求下，集團企業需要劃分利潤型阿米巴。以利潤型阿米巴為核算主體，以責、權、利相統一的機制為基礎，按照阿米巴經營會計核算要素，進行阿米巴的內部核算和管理，幫助集團企業實現內部利潤中心獨立核算、跨公司的產品線（業務線）的管理核算、阿米巴之間提供內部產品（服務）時的內部交易。

要讓利潤型阿米巴發揮應有的作用，應具備三個條件：阿米巴管理者的決策能夠影響該中心的利潤；阿米巴的生產經營活動有相對的獨立性；阿米巴利潤的增加，能提高企業的經濟效益。

(1) 實施背景：產品多樣化、市場區隔、銷售連鎖、權責明確、獎罰合理。

(2) 業績評價：在利潤型阿米巴中，由於管理者沒有權力決定阿米巴的投資程度，因而利潤就是其最佳業績計算標準。

第四章　阿米巴組織的核算形態與運作

阿米巴管理者具有經營決策權,並可根據利潤指標對其做出評價。

(3)目標管理:利潤型阿米巴的推行,必須結合目標管理制度。

(4)運作機制:利潤型阿米巴的推行,在於變革組織結構以達成公司的策略計畫。

> 思考:你如何進行資本型阿米巴的運作?

3. 資本型阿米巴的運作

資本型阿米巴參與投資工作的途徑:

(1)投資前期。

第一,弄清楚企業集團的資源和負擔。企業集團的資源和負擔不僅表現在經營會計報表上,還要進行全方位的調查。

第二,培育企業的融資能力。投資功能要充分發揮,必須充分利用金融市場,發揮負債經營的財務槓桿作用。

第三,投資中心財務部門應當參與專案投入、運作、退出的全過程,在籌資、投資及資產處置方面,都要發揮作用。

第四,加強專案評估財務分析,權衡效益和風險。

> 思考：你如何進行成本型阿米巴的運作？

(2)經營期間。

投資中心對經營期各利潤中心、成本中心要採取適當方法加強管理。除日常財務監督外，要大力推行責任會計，建立責任控制與業績評價制度。這個工作包括責任中心的劃分、責任指標的設立、指標核算的開展、業績評價及與獎懲掛鉤等環節。

4. 成本型阿米巴的運作

阿米巴的成本控制應該有計畫、有重點地差別對待。各行各業不同企業有不同的控制重點。成本控制一般可以從成本形成過程和成本費用分類兩個角度來加以考量。

成本控制對象各有不同，成本控制工作的要求也各不一樣。成本控制方法，主要有如下操作流程：

(1)從成本中占比例高的方面著手。控制成本自然是要控制產品的全部成本，從成本產生全過程、全方位來控制成本，包括設計、採購、製造、行銷與管理各個環節，都要置於企業成本控制範圍之內。

第四章 阿米巴組織的核算形態與運作

(2)從創新方面著手。如果不是創新技術、工藝,增加或改進裝置等,成本就很難再降低。

(3)從關鍵點著手。企業成本控制應從關鍵點著手,抓住成本關鍵點,往往能達到事半功倍的效果。

(4)從可控制費用著手。從可控制費用著手進行成本控制,才是企業的成本控制之道。

(5)從激勵約束機制方面著手。建立與之相關的激勵與約束機制,用激勵與約束的方式,來提升員工控制成本的主觀能動性,將節省成本與控制者的切身利益連結起來,利用獎懲的方法,將企業的被動成本控制轉換為全員的主動成本控制。

操作:

制定不同核算形態阿米巴的運作策略。

成果9　阿米巴組織管控與運作

編號	阿米巴名稱	核算形態	管控要點	運作策略

第三節　靈活多變的阿米巴組織體系

提示：

本節屬於了解內容，需要理解阿米巴組織的靈活多變性，不需要操作和形成方案。

阿米巴組織是靈活多變的，阿米巴劃分之後，並非一成不變，可以多種狀態並存。

一、阿米巴組織和非阿米巴組織並存

在企業中，有些部門符合阿米巴建立的條件，就能夠做成阿米巴。但有些部門，連預算都不容易做，想做成預算型阿米巴就非常困難。既然如此，就不要做成阿米巴。只要建立這個明確的預算，把公司付給你的預算，作為你這個部門的收入就可以。公司考核這個部門，不是考核你省了多少費用，而是考核你的工作品質。

> 思考：為什麼阿米巴組織能夠與非阿米巴組織並存？

所以有些部門不成立阿米巴也可以，就讓非阿米巴組織和阿米巴組織並存。

二、多級阿米巴和單級阿米巴並存

某家公司的業務部門是一個一級阿米巴，業務部又按照區域範圍，劃分成二級阿米巴，區域阿米巴可能又按照客戶範圍分成三級阿米巴。這是一個多級阿米巴。

生產部可分為製造現場、品管、採購、工程、倉儲、計畫等二級阿米巴，生產製造現場又分為第一工廠、第二工廠、第三工廠等三級阿米巴。第一工廠又分為第一工段、第二工段、第三工段等四級阿米巴。這也是一個多級阿米巴。

人力資源部可以是一個一級阿米巴，也可以是一個單級阿米巴。

在一家企業中，多級阿米巴和單級阿米巴是可以並存的。

> 思考：為什麼多級阿米巴和單級阿米巴可以並存？

三、自下而上設計與自上而下設計並存

阿米巴組織架構去行政化，去權力化。我們劃分阿米巴組織，最好按照自上而下的順序來進行，因為這個時候，企業已經整理了公司的策略，對公司的組織架構進行了重新整理。在新的組織架構上來做阿米巴的劃分，更容易產生效果。

但如果公司目前不具備這樣的條件,或者公司著急匯入阿米巴經營模式,等不了自上而下進行設計,要求把製造部門做成阿米巴,這樣也可以,這叫自下而上的設計。

自下而上設計與自上而下設計各有利弊。從時間的快慢來說,自下而上,先把下面的幾個部門、工廠、科室做成阿米巴,會快一些。但是就整體效果來說,最好還是自上而下設計。

> 思考:為什麼自下而上設計與自上而下設計可以並存?

四、核算的四種形態可以並存

在一些企業中,阿米巴的核算形態並非單一的,而是四種形態並存。比如研發阿米巴是預算型的,採購部做成成本型阿米巴,品管部做成利潤型阿米巴,財務投資中心相當於資本型阿米巴。多種核算形態並存,就形成相互依存、共存共生的阿米巴生態圈。

> 思考:為什麼核算的四種形態可以並存?

第四章　阿米巴組織的核算形態與運作

五、劃分的五個範圍可以並存

> 思考：為什麼阿米巴的五個劃分範圍可以並存？

劃分阿米巴時，有的阿米巴按照職能範圍來劃分；有的阿米巴根據客戶範圍來劃分；有的阿米巴按照區域範圍來劃分；有的阿米巴按照品牌範圍來劃分……即劃分阿米巴的五種範圍是可以並存的。

第四節　權責和經營模式界定

阿米巴管控和權責關係也應配合公司策略加以整理，管控關係本質上是權責關係，在分類管控模式下，考慮的因素主要有：策略重要程度、規模與發展階段、對集團核心資源和能力的依賴度、業務成熟度、管理成熟度……等。

基於分工的組織模組，透過對流程與組織的有效整合，確保阿米巴業務在組織間得到有效支撐和高效合作，最終實現面向客戶的業務目標。

組織、權責、流程、部門與職位、關鍵職責……這些要素

第四節　權責和經營模式界定

構成了整個組織的執行系統,在進行阿米巴組織規劃時,應全盤考量。

我們以一家公司為例,說明各阿米巴核心職能、權責和經營模式界定。

一、營運中心阿米巴

1. 組織架構圖（如圖 4-8 所示）

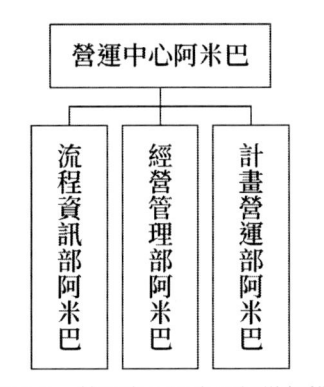

圖 4-8　營運中心阿米巴組織架構

2. 組織核心職能

根據集團發展策略規劃,編製集團年度經營計畫,針對公司經營管理目標制定專案開發、關鍵節點計畫,負責經營目標責任書的簽訂;負責整理各子公司、專案的業務、財務等營運流程及業務流程資訊,使之相互銜接,有指導、協調和監督等

第四章 阿米巴組織的核算形態與運作

職能,確保集團營運制度的貫徹落實與執行,保障各專案公司工作順利開展。

3. 管理權責

人事權:對本阿米巴員工聘用與退回權、提請獎懲權、一定的薪酬福利調整權。

財務權:本阿米巴預算內的費用,依許可權稽核與審批。

業務權:召集公司經營會議的權力;公司經營計畫匯編權;專案計畫稽核權。

4. 經營模式界定(見表 4-3)

表 4-3 營運中心阿米巴經營模式

產品／服務	是否對外	盈利模式	關鍵驅動力目標
無	否		

5. 交易關係界定(見表 4-4)

表 4-4 營運中心阿米巴交易關係

賣方(提供方)	服務(交易內容)	買方(需求方)
人力資源中心阿米巴	1. 人員招募補充支持 2. 培訓支持	營運中心阿米巴

第四節 權責和經營模式界定

賣方（提供方）	服務（交易內容）	買方（需求方）
客戶品牌中心阿米巴	1. 品牌、文案、宣傳策劃支持 2. 品牌傳播支持 3. 項目品牌支持 4. 活動策劃與執行	營運中心阿米巴
風險控制中心阿米巴	1. 法務管理支持 2. 合約管理支持 3. 訴訟管理支持	營運中心阿米巴

二、行銷中心阿米巴

1. 組織架構圖（如圖 4-9 所示）

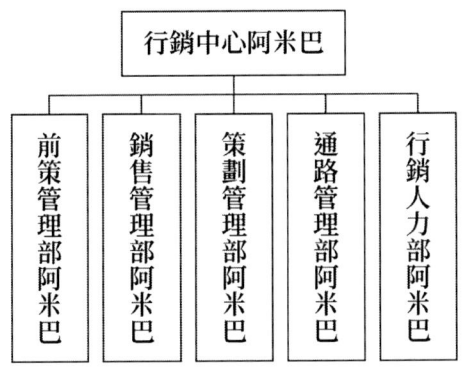

```
                    行銷中心阿米巴
    ┌──────┬──────┬──────┬──────┬──────┐
  前策    銷售    策劃    通路    行銷
  管理    管理    管理    管理    人力
  部阿    部阿    部阿    部阿    部阿
  米巴    米巴    米巴    米巴    米巴
```

圖 4-9　行銷中心阿米巴組織架構

175

2. 組織核心職能

根據集團發展策略規劃，統籌管理公司的行銷工作，建立和完善集團各項行銷、策劃管理制度，負責對專案公司的行銷策劃實施管理和控制，確保專案順利實現銷售及收款目標。

3. 管理權責

人事權：對本阿米巴員工聘用與退回權、提請獎懲權、一定的薪酬福利調整權。

財務權：本阿米巴預算內的費用，依許可權稽核與審批；非預算的業務費用，依集團授權額審批。

業務權：銷售計畫會審權；通路合作商選擇權。

4. 經營模式界定（見表 4-5）

表 4-5 行銷中心阿米巴經營模式

產品／服務	是否對外	盈利模式	關鍵驅動力目標
1. 市場調查支持 2. 對資金監管、預售證件等手續辦理提供支持 3. 項目前期策劃方案 4. 銷售策劃方案 5. 銷售執行服務	是	1. 出售調查報告、定位方案、策劃方案 2. 透過支持各項目、各子公司行銷獲得收益	1. 報告與方案品質 2. 服務效率 3. 銷售計畫達成率

5. 交易關係界定（見表 4-6）

表 4-6　行銷中心阿米巴交易關係

賣方（提供方）	服務（交易內容）	買方（需求方）
人力資源中心阿米巴	1. 人員招募補充支持 2. 培訓支持	行銷中心阿米巴
行銷中心阿米巴	1. 項目推廣行銷策劃方案 2. 銷售執行	各項目 （利潤阿米巴）
行銷中心阿米巴	1. 市場調查支持 2. 定位策劃及推廣支持 3. 對資金監管、預售證件等手續辦理提供支持	策略投資中心

三、人力資源中心阿米巴

1. 組織架構圖（如圖 4-10 所示）

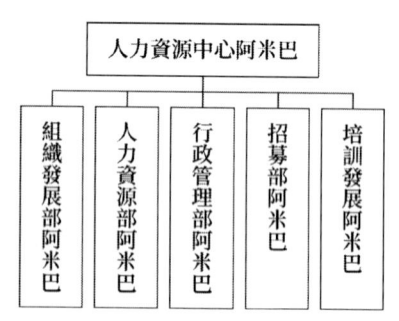

```
              人力資源中心阿米巴
    ┌──────┬──────┬──────┬──────┬──────┐
  組織發展  人力資源  行政管理  招募部   培訓發展
  部阿米巴  部阿米巴  部阿米巴  阿米巴   阿米巴
```

圖 4-10　人力資源中心阿米巴組織結構

2. 組織核心職能

根據集團發展策略規劃，建立科學的人力資源管理與開發體系，實現公司人力資源的有效提升與合理配置，滿足企業發展的人才需求，為集團的策略發展提供有效保障。

3. 管理權責

人事權：對本阿米巴員工的任免建議權、提請獎懲權、一定的薪酬福利調整權。

財務權：本阿米巴預算內的費用，依許可權稽核與審批。

業務權：對各阿米巴人員任免進行稽核與審批；全員薪資、社會保險、退休金等調整稽核權；企業各分支機構的人力資源管理制度的維護與處罰權。

4. 經營模式界定（見表 4-7）

表 4-7　人力資源中心阿米巴經營模式

產品／服務	是否對外	盈利模式	關鍵驅動力目標
1. 人力資源配置 2. 員工培養	否	根據各阿米巴需求提供	1. 招募達成率 2. 培訓需求達成率

5. 交易關係界定（見表 4-8）

表 4-8　人力資源中心阿米巴交易關係

賣方（提供方）	服務（交易內容）	買方（需求方）
人力資源中心阿米巴	1. 人員招募補充支持 2. 培訓支持	其他各阿米巴

四、財務資金中心阿米巴

1. 組織架構圖（如圖 4-11 所示）

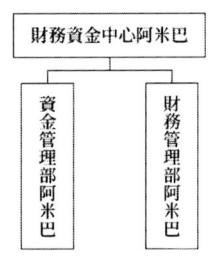

圖 4-11　財務資金中心阿米巴組織結構

2. 組織核心職能

根據集團發展策略規劃,建立健全財務核算體系,負責政策法規研究,申報資金,制定收款考核方案,負責新專案測算、全盤稅務統籌工作及專案營運情況分析,為公司的經營發展提供財務保障和專業支持。

3. 管理權責

人事權:對本阿米巴員工聘用與退回權、提請獎懲權、一定的薪酬福利調整權。

財務權:本阿米巴預算內的費用,依許可權稽核與審批。

業務權:公司內部會計核算及其稽核權;企業各分支機構的財務資金管理制度的維護與處罰權。

4. 經營模式界定（見表 4-9）

表 4-9　財務資金中心阿米巴經營模式

產品／服務	是否對外	盈利模式	關鍵驅動力目標
1. 現金支持 2. 稅務籌劃方案支持	否	根據各阿米巴需求提供資金收取利息；根據各阿米巴需求提供方案,收取服務費用	1. 資金到位效率 2. 稅務籌劃效果

5. 交易關係界定（見表 4-10）

表 4-10　財務資金中心阿米巴交易關係

賣方（提供方）	服務（交易內容）	買方（需求方）
人力資源中心阿米巴	1. 人員招募補充支持 2. 培訓支持	財務資金中心阿米巴
財務資金中心阿米巴	1. 現金支持 2. 稅務籌劃方案支持	其他各阿米巴

五、設計研發中心阿米巴

1. 組織架構圖（如圖 4-12 所示）

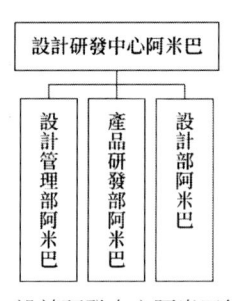

圖 4-12　設計研發中心阿米巴組織結構

2. 組織核心職能

根據集團發展策略規劃，制定及完善專案規劃及設計管理制度，為公司專案順利實施，提供標準化和技術服務。

3. 管理權責

人事權：對本阿米巴員工聘用與退回權、提請獎懲權、一定的薪酬福利調整權。

財務權：本阿米巴預算內的費用，依許可權稽核與審批。

業務權：設計選擇權。

4. 經營模式界定（見表 4-11）

表 4-11　設計研究中心阿米巴經營模式

產品／服務	是否對外	盈利模式	關鍵驅動力目標
1. 產品研發支持 2. 產品管理支持 3. 項目設計支持 4. 對各項手續提供相關圖紙及技術支持	否	透過優化設計，合理降低成本	1. 設計規範的熟悉掌握 2. 現階段市場需求指標

5. 交易關係界定（見表 4-12）

表 4-12　設計研發中心阿米巴交易關係

賣方（提供方）	服務（交易內容）	買方（需求方）
人力資源中心阿米巴	1. 人員招募補充支持 2. 培訓支持	設計研發中心阿米巴

第四節 權責和經營模式界定

賣方（提供方）	服務（交易內容）	買方（需求方）
設計研發中心阿米巴	1. 產品研發支持 2. 產品管理支持 3. 項目設計支持 4. 對各項手續提供相關圖紙及技術支持	各項目阿米巴

六、一級專案部

1. 組織架構圖（如圖 4-13 所示）

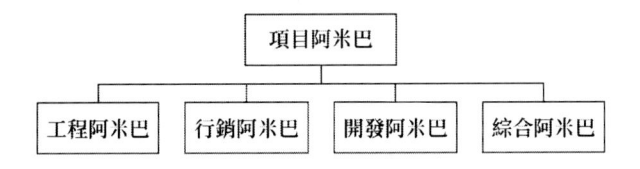

```
          項目阿米巴
   ┌────┬────┬────┬────┐
工程阿米巴 行銷阿米巴 開發阿米巴 綜合阿米巴
```

圖 4-13　專案阿米巴組織架構

2. 組織核心職能

根據公司策略，開展專案整體營運，整體統籌管理、計畫分解實施及良性營運，完成集團高周轉任務，落實利潤最大化。

3. 管理權責

人事權：對本阿米巴員工聘用與退回權、提請獎懲權、一定的薪酬福利調整權。

183

第四章　阿米巴組織的核算形態與運作

財務權：根據經營需求與費用額度，依公司授權許可權稽核與審批。

業務權：對產品組合調整權；對客戶的選擇權；對外合作部門的選擇權。

4. 經營模式界定（見表 4-13）

表 4-13　專案阿米巴經營模式

產品／服務	是否對外	盈利模式	關鍵驅動力目標
1. 內部資金借貸 2. 技術輸出及成品對外銷售	是	產品銷售最大化、其他費用最小化，獲取外部利潤	1. 拓展規模及成本 2. 項目策劃與設計品質 3. 項目總成本控制 4. 產品銷售狀況及回款

5. 交易關係界定（見表 4-14）

表 4-14　專案阿米巴交易關係

賣方（提供方）	服務（交易內容）	買方（需求方）
人力資源中心阿米巴	1. 人員招募補充支持 2. 培訓支持	項目阿米巴
財務資金中心阿米巴	1. 現金支持 2. 稅務籌劃支持	項目阿米巴

第四節　權責和經營模式界定

賣方（提供方）	服務（交易內容）	買方（需求方）
行銷中心阿米巴	1. 市場調查支持 2. 定位策劃及推廣支持	項目阿米巴
設計研發中心阿米巴	1. 產品研發支持 2. 產品管理支持 3. 項目設計支持 4. 對各項手續提供相關圖紙及技術支持	項目阿米巴

操作：

設計一級阿米巴和二級阿米巴的權責和經營模式界定。

1. 設計阿米巴組織架構圖；

2. 劃分組織核心職能；

3. 劃分管理權責；

4. 經營模式界定；

5. 交易關係界定。

【範例】某企業阿米巴團隊劃分結果（見表 4-15）

表 4-15　某企業阿米巴團隊劃分層級及形態

級別	名稱或範圍	形態	劃分範圍	阿米巴數量（個）
一級	1. 漆包線阿米巴 2. DC 線阿米巴	利潤型	產品範圍	2

第四章　阿米巴組織的核算形態與運作

級別	名稱或範圍	形態	劃分範圍	阿米巴數量（個）
二級	1. 生產阿米巴 2. 銷售阿米巴	成本型 利潤型	價值鏈範圍	4
三級	1. 生產阿米巴下的各工序 2. 銷售阿米巴下的細分產品	成本型 利潤型	價值鏈範圍、產品範圍	若干

說明：

1. 現階段阿米巴的劃分暫時進行到二級阿米巴；

2. 等條件成熟後再行往下細分到三級阿米巴。

成果 10　阿米巴團隊劃分的層級及形態（經營模式）				
阿米巴級別	名稱或範圍	形態	劃分範圍	阿米巴數量（個）
一級阿米巴				
二級阿米巴				
三級阿米巴				

第五章
組織整合與更新

第五章　組織整合與更新

阿米巴組織是靈活多變的，就像變形蟲一樣，可以拆分，也可以合併。

企業需要根據環境變化及時調整業務，對組織進行調整和更新。阿米巴不但有「分」，還有「合」，分中有合，合中有分，分合自如。

本章將從動態視角審視企業的阿米巴建設。一是阿米巴拆分與合併的方式；二是企業匯入阿米巴經營模式之後，如何更新為策略阿米巴、平臺阿米巴等。如圖 5-1 所示。

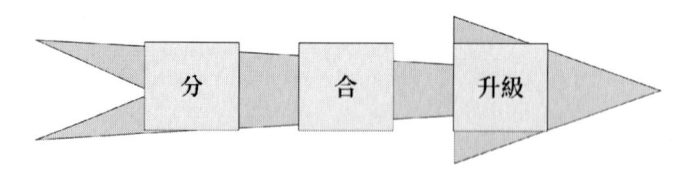

圖 5-1　阿米巴組織整合與更新

本章目標：

1. 理解：阿米巴裂變組合準則。

2. 掌握：製作阿米巴明細表。

3. 操作：阿米巴組織拆分與合併。

4. 操作：阿米巴組織整合與更新。

形成成果

製作阿米巴明細表。

第一節　阿米巴裂變組合準則

一個阿米巴要裂變，一般分為三種類型：策略性裂變；規則性裂變；臨時性裂變。

一、策略性裂變

什麼是策略性裂變？比如公司重要的業務，可以單獨拿出來作為一個裂變，或者需要重點培植的業務，獨立出來成為一個阿米巴。

舉個例子，公司以前做的產品裡，一個阿米巴能經營的產品有五種：A、B、C、D、E。其中 E 在現有的產品系列中占有率較低，但未來它卻會成為一種主流產品，引領新的趨勢，所以就讓 E 產品單獨成立一個阿米巴，和 A、B、C、D 產品形成並列關係。這種裂變就稱為策略性裂變。

二、規則性裂變

規則性裂變是指，公司制定一個規則，如果某個阿米巴達到其中一個條件，就強制性裂變。一般來說，有三個條件：第一，業績規模達到預定的目標。比如有一個阿米巴的營業額是 1 億元，當達到公司規定的 1.5 億元時，就需要分裂成兩個阿

◆ 第五章　組織整合與更新

米巴。第二，人數規模達到預定的範圍。人數如果太多，就會造成管理幅度、難度加大，對內部也會形成一定比例的損耗。為了減少損耗，讓管理變得更加扁平化，當人員達到一定的規模後，也是可以進行裂變的。第三，區域範圍達到預定的目標。比如某阿米巴以前只負責五個縣市，且這五個縣市都已做到一定的業績，那就可以一次性分裂成兩個阿米巴，或五個阿米巴。這個要具體結合區域大小，來進行合理的裂變。

三、臨時性裂變

什麼是臨時性裂變？比如一個阿米巴的負責人，他的經營業績、經營能力、經營意識都不強，無法勝任這個阿米巴的管理，那我們就可以把這個阿米巴拆分成兩個阿米巴。這就是臨時性裂變。另外，為了培養更多的經營性人才，我們也可以對阿米巴進行臨時性裂變。

裂變的方向一般會有兩種：縱向裂變、橫向裂變。

縱向裂變：A 阿米巴裂變成 A- 和 A+。

橫向裂變：A 阿米巴裂變成 B 阿米巴，這個時候 A 和 B 是橫向並列關係。

第二節 製作阿米巴明細表

> 思考：你的公司，阿米巴裂變的類型和條件是哪些？

這兩種方向各有利弊。這就是關於阿米巴的分裂條件以及它的兩個分裂形式。

第二節　製作阿米巴明細表

提示：

本節內容掌握難度不大，但要求標準很高，既是對本教材學習成果的呈現，也是阿米巴組織劃分的結論性方案，需要反覆推演和操作，必要時可對前面章節進行「回頭看」。

一、阿米巴組織的級數與個數

阿米巴的個數與級數，分多少最合理？

阿米巴的個數是沒有規定的。只要符合阿米巴成立的三個條件，能成立阿米巴的，盡可能成立。前提是你的核算成本不要過高。

第五章　組織整合與更新

　　阿米巴級數也沒有嚴格規定。組織扁平化後通常少於原組織層級數，亦和財政基礎、IT 支持相關。如果核算成本太高，可暫不做成阿米巴，即阿米巴層級劃分要符合企業自身需求。

　　我們透過圖 5-2 來進行分析。

　　在這張圖中，有 1 個一級阿米巴，有 3 個二級阿米巴。

　　右邊為什麼有 2 個二級阿米巴？從行政級別上來說，它是上下級關係，但當阿米巴的時候，為什麼形成一個阿米巴級別呢？其實，現行的公司組織架構裡，有時一個副總經理可能只管一個部門，副總經理、部門經理、部門成員組成的是一個阿米巴。但從行政級別上來說，副總經理是一個級別，部門經理是一個級別，所以，上下級組合成一個阿米巴級別，是完全有可能的。那到底應該分成多少個級數，是不是越多越好呢？答案是看我們的財務數據能不能夠支撐，能不能核算到那裡。

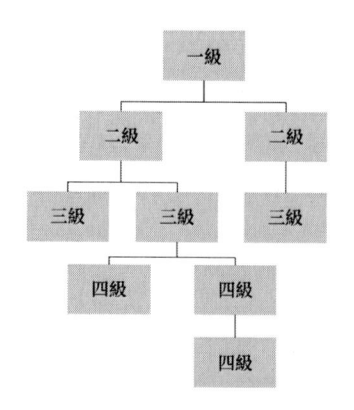

圖 5-2　阿米巴層級劃分

第二節 製作阿米巴明細表

根據諮詢經驗，公司能支撐的財務核算，充其量也就四級或五級。一般的公司分成三級就差不多了。當然，如果是跨國公司，級數就會稍微多一些。但總體來說，會比它的行政級數少。

阿米巴的級數會和現行組織架構的級數有一個差距。也就是說，阿米巴的級數相對來說會少一點。

阿米巴組織劃分，主要適用於產業多元化、品種多樣化、各有獨立的市場，且市場環境變化較快的企業。

劃分阿米巴團隊是實行分級、分權管理的有效方式。所謂「分級」，是指企業內部實行分層次的多層級管理，層級分別是：集團控股公司 —— 各區域（主要城市）—— 各分子公司 —— 一級阿米巴（如行銷阿米巴和生產阿米巴）—— 二級阿米巴 —— 三級阿米巴等，最後一直分解到最低層的阿米巴組織。所謂「分權」，是指企業內部經營管理權的適當分散，由集權轉變為分權。

> 思考：你的公司，阿米巴級數與個數分別是多少？

阿米巴組織的層級，如圖 5-3 所示：

◆ 第五章　組織整合與更新

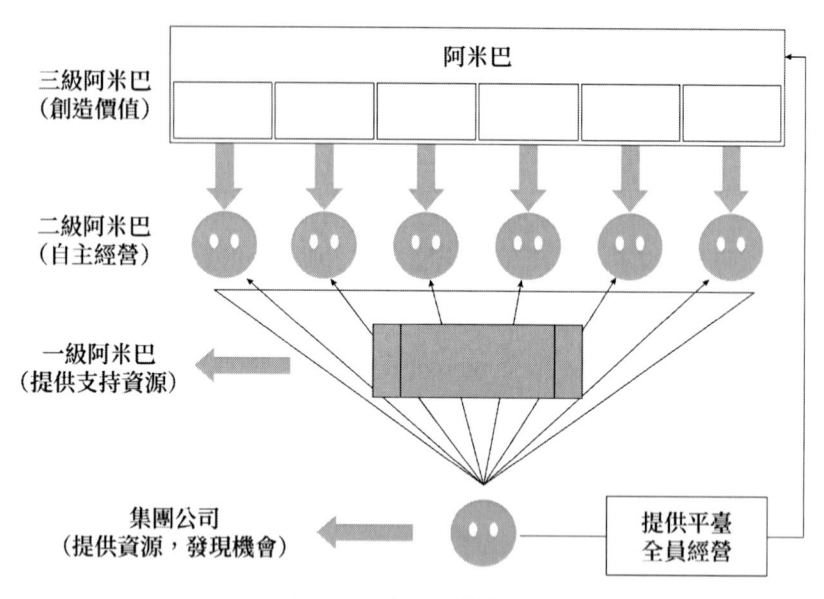

圖 5-3　阿米巴組織的層級

二、製作公司阿米巴明細表

　　在弄清楚公司阿米巴組織的級數、劃分範圍、核算形態的基礎上，就可以製作公司詳細的阿米巴明細表。

第一步　製作分表

　　可以按照核算形態來分，也可以按照劃分範圍來分，如表 5-1～表 5-4 所示。

第二節　製作阿米巴明細表

【範例 1】

表 5-1　某公司生產阿米巴／各級阿米巴名稱及負責人

序號	一級代碼	阿米巴名稱	負責人	現任職務	二級代碼	阿米巴名稱	負責人	現任職務	三級代碼	阿米巴名稱	負責人	現任職務
1	SB1	××三廠	劉××	廠區主任	SMB1	二工廠	甲王×／乙韓×	工廠主任	SCB1-1	甲攪拌成型	張×	甲攪拌成型組長
2									SCB1-2	甲烤爐	任×	甲烤爐組長
3									SCB1-3	甲包裝	李×	甲包裝組長
4									SCB1-4	甲噴碼	馮×	甲噴碼組長
5									SCB1-5	乙攪拌成型	張×	乙攪拌成型組長
6									SCB1-6	乙烤爐	徐×	乙烤爐組長
7									SCB1-7	乙包裝	周×	乙包裝組長
8									SCB1-8	乙噴碼	李×	乙噴碼組長
9					SMB2	五工廠	甲陶×／乙李×	工廠主任	SCB2-1	甲攪拌成型	韓×	甲攪拌成型組長
10									SCB2-2	甲烤爐	曹×	甲烤爐組長
11									SCB2-3	甲包裝	李×	甲包裝組長
12									SCB2-4	甲三明治	徐×	甲三明治組長
13									SCB2-5	乙攪拌成型	劉文×	乙攪拌成型組長
14									SCB2-6	乙烤爐	何×	乙烤爐組長
15									SCB2-7	乙包裝	陳×	乙包裝組長
16									SCB2-8	乙三明治	張×	乙三明治組長
17									SCB2-9	漢堡	宋×	漢堡組長
合計												

說明：

1. 編碼規則：

(1) B 代表一級阿米巴；MB 代表二級阿米巴；CB 代表三級阿米巴。

(2) 銷售阿米巴在級別程式碼前加 X；生產阿米巴在級別程式碼前加 S。

◆ 第五章　組織整合與更新

（3）一級阿米巴和二級阿米巴按自然數順序編碼同級別阿米巴；三級阿米巴按相應二級碼自然數加字尾，編碼同級別阿米巴。

2. 各級阿米巴負責人稱為巴長。

3. 各級阿米巴負責人由人力資源部建議稽核，由總經理批准。

【範例2】

表 5-2　某公司生產阿米巴範圍及產品系列

序號	級別	代碼	阿米巴名稱	區域範圍面積（平方公尺）				設備器具（個數）		生產線條數	主要生產產品	
				辦公室	工廠	倉庫	其他	大型設備	輔助設備		系列	品種
1	一級	SB1	××三廠									
2	二級	SMB1	二工廠									
3		SMB2	五工廠									
4	三級	SCB1-1	甲攪拌成型									
5		SCB1-2	甲烤爐									
6		SCB1-3	甲包裝									
7		SCB1-4	甲噴碼									
8		SCB1-5	乙攪拌成型									
9		SCB1-6	乙烤爐									

第二節　製作阿米巴明細表

10	SCB1-7	乙包裝							
11	SCB1-8	乙噴碼							
12	SCB2-1	甲攪拌成型							
13	SCB2-2	甲烤爐							
14	三級 SCB2-3	甲包裝							
15	SCB2-4	甲三明治							
16	SCB2-5	乙攪拌成型							
17	SCB2-6	乙烤爐							
18	SCB2-7	乙包裝							
19	SCB2-8	乙三明治							
20	SCB2-9	漢堡							
	總計								

【範例3】

表5-3　××公司銷售阿米巴明細表

序號	一級代碼	阿米巴名稱	負責人	現任職務	二級代碼	阿米巴名稱	負責人	現任職務	三級代碼	阿米巴名稱	負責人	現任職務
1	XB1	銷售部	林	銷售經理	XMB1	客戶組	劉×	部門主任	XCB1-1	KA1	陳×	業務主管
2									XCB1-2	KA2	王×	業務主管
3									XCB1-3	KA3	王×	業務主管
4									XCB1-4	KA4	周×	業務主管
5									XCB1-5	KA5	姚×	業務主管

197

第五章　組織整合與更新

6	XB1	林×	銷售經理	XMB2	中小客戶組	王× 部門主任	XCB2-1	××分銷站	李×	業務主管
7							XCB2-2	××分銷站	陳×	業務主管
8							XCB2-3	××分銷站	任×	業務主管
9							XCB2-4	××分銷站	張×	業務主管
10							XCB2-5	××分銷站	張×	業務主管
11	銷售部						XCB2-6	××分銷站	黃×	業務主管
12							XCB2-7	××分銷站	蕭×	業務主管
13							XCB2-8	××分銷站	韓×	業務主管
14							XCB2-9	××分銷站	劉×	業務主管
15				XMB3	外埠組	孫× 部門主任	XCB3-1	區域 A	王×	業務主管
16										
17							XCB3-2	區域 B	趙×	業務主管
18										
19							XCB3-3	區域 C	李×	業務主管
20										
合計										

說明：

1. 編碼規則：

（1）B 代表一級巴；MB 代表二級巴；CB 代表三級巴。

（2）銷售阿米巴在級別程式碼前加 X；生產阿米巴在級別程式碼前加 S。

（3）一級阿米巴和二級阿米巴按自然數順序編碼同級別阿米巴；三級阿米巴按相應二級碼自然數加字尾，編碼同級別阿米巴。

2. 各級阿米巴負責人稱為巴長。

3. 各級阿米巴負責人由人力資源部建議稽核，由總經理批准。

第二節　製作阿米巴明細表

【範例 4】

表 5-4　××公司客戶範圍阿米巴明細表

序號	級別	代碼	阿米巴名稱	業務範圍	客戶情況 客戶數量	客戶情況 客戶名單	銷售產品 主要產品系列	銷售產品 主要產品種類	備註
1	一級	XB1	銷售部						
2	二級	XMB1	KA客戶組						
3	二級	XMB2	中小客戶組						
4		XMB3	外埠組						
5		XCB1-1	KA1						
6		XCB1-2	KA2						
7		XCB1-3	KA3						
8		XCB1-4	KA4						
9		XCB1-5	KA5						
10		XCB2-1	××分銷站						
11	三級	XCB2-2	××分銷站						
12		XCB2-3	××分銷站						
13		XCB2-4	××分銷站						
14		XCB2-5	××分銷站						
15		XCB2-6	××分銷站						
16		XCB2-7	××分銷站						
17		XCB2-8	××分銷站						
18		XCB2-9	××分銷站						
19		XCB2-10	××分銷站						
20		XCB2-11	××分銷站						
21		XCB2-12	××分銷站						
22		XCB2-13	××分銷站						
總計									

第五章 組織整合與更新

操作：

填寫阿米巴明細表。

第二步：製作總表。

在第一步的基礎上進行合併，就是公司的阿米巴明細表。

成果 11　製作本公司阿米巴組織明細表

序號	級別	代碼	阿米巴名稱	具體業務

第三節　阿米巴拆分或合併的方式

提示：

本節內容需要熟練掌握，站在動態管理角度看待阿米巴組織的整合，不要求操作和形成方案。

在整個阿米巴的組織架構體系裡面，經常會看到今天拆

第三節　阿米巴拆分或合併的方式

分、明天合併的情況,而它所有的拆分與合併,都不會影響公司的組織管理。

阿米巴的拆分或合併,分為兩個方向:橫向拆分或合併;縱向拆分或合併。

一、阿米巴組織的裂變

阿米巴的精髓在其裂變機制,即企業不會讓阿米巴團隊太大,稍微大一點,就拆分成小團隊。

阿米巴可以裂變孵化,向上和向下都可以無限延伸。當裂變孵化幾次後,公司總部自然就在層級的上端了,這樣就形成了多層級。我們根據裂變的層級,會有相應的激勵機制。

阿米巴平行裂變,即由 A → A+B → A+B+C……阿米巴平行裂變是「分」,如按產品類別劃分阿米巴,透過內生式發展和國內併購,形成多個相對獨立的阿米巴團隊,擴展各類產品。

從企業整體發展角度來說,一定要鼓勵阿米巴培育新業務,但當阿米巴內與原核心業務非相關的業務發展較快、預期成長性較高且耗用精力較大時,亦可以考慮將此非相關業務進行分拆,單獨成立與原阿米巴平行的阿米巴組織,或在原阿米巴內設定產銷一體的「微阿米巴」,以促進該業務的快速發展。

例如,企業市場部可發展為發展規劃部、企劃宣傳部等,業務部繼續裂變為若干個阿米巴團隊(銷售一部、銷售二部)。

第五章　組織整合與更新

企業裂變的過程其實就是在為企業人才提供舞臺。這不僅是大公司解決自身危機的方式，也是解放員工創造力去為未來布局的好方法，有時候還能順便減員增效。

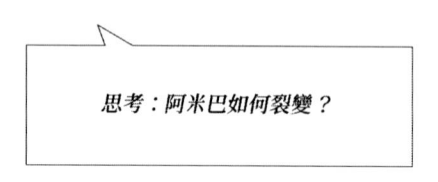

> 思考：阿米巴如何裂變？

企業匯入阿米巴經營模式之後，也就變成一個經營平臺。對員工來說，如果你想創業，有能力創業，可以藉助公司的平臺進行內部創業，每個人都有可能成為阿米巴的經營者。

二、橫向拆分或合併

阿米巴的橫向拆分或合併，如圖 5-4 所示。

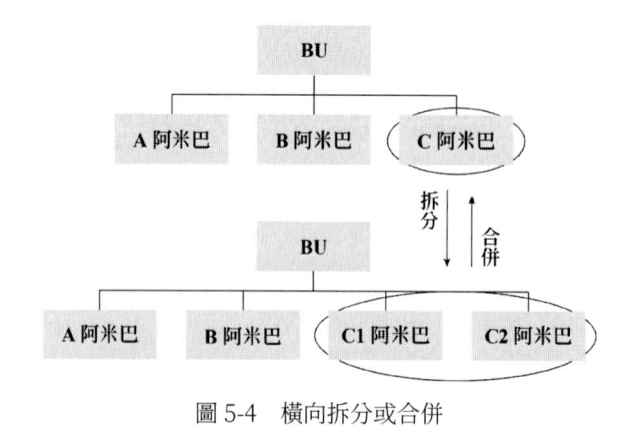

圖 5-4　橫向拆分或合併

第三節　阿米巴拆分或合併的方式

1. 阿米巴的橫向拆分

我們看到，在上面那個阿米巴裡面有一個 C 阿米巴。那麼拆分時，它就拆成了 C1 和 C2 兩個阿米巴，即在上面那個組織架構裡，它的二級阿米巴有三個；在下面的組織架構裡，它的二級阿米巴就有四個。其中兩個就是由以前的 C 這個阿米巴拆分出來的。這種拆分方式，就稱為「橫向拆分」，如圖 5-5 所示。

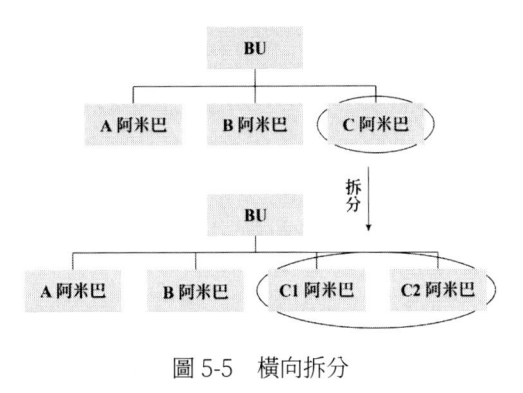

圖 5-5　橫向拆分

2. 阿米巴的橫向合併

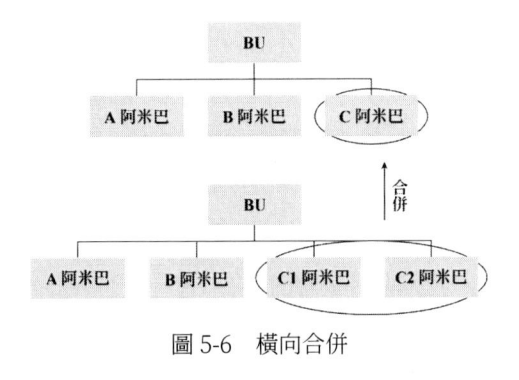

圖 5-6　橫向合併

203

◆ 第五章　組織整合與更新

在圖 5-6 的組織架構圖裡，下面有四個二級阿米巴，反過來，上面就變成三個。因為上面的 C 阿米巴是由下面的 C1 和 C2 這兩個阿米巴合併而成的。

> 思考：阿米巴橫向合併的邏輯是什麼？

三、縱向拆分或合併

阿米巴縱向拆分或合併，如圖 5-7 所示。

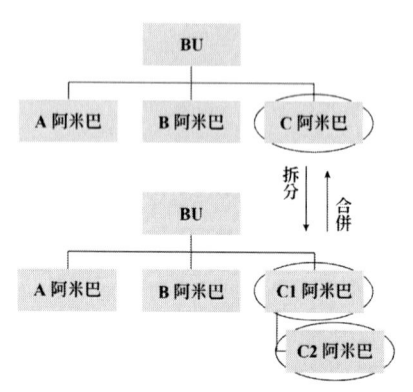

```
            BU
    ┌───────┼───────┐
  A阿米巴  B阿米巴  (C阿米巴)
                        ↕ 拆分／合併
            BU
    ┌───────┼───────┐
  A阿米巴  B阿米巴  (C1阿米巴)
                     (C2阿米巴)
```

圖 5-7　阿米巴縱向拆分或合併

1. 阿米巴的縱向拆分

在圖 5-7 那個組織架構圖上面，有一級和二級阿米巴；在組織架構圖下面，就有了一個三級阿米巴，即 C2，就是從以

第三節　阿米巴拆分或合併的方式

前的二級阿米巴 C 拆分出來的。為了區分二級阿米巴裡面的 C1 和三級阿米巴裡面的 C2，我們才編號 C1 和 C2。這個拆分就是縱向的拆分，如圖 5-8 所示。

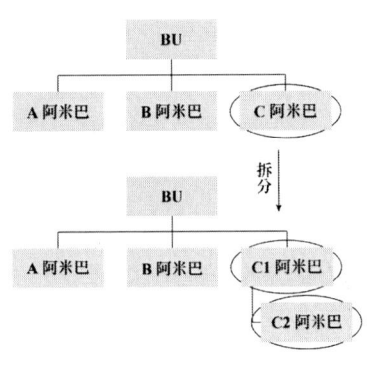

5-8　縱向拆分

2. 阿米巴的縱向合併

我們把四級阿米巴 C2 和三級阿米巴 C1 合併起來，形成一個二級阿米巴 C，如圖 5-9 所示。

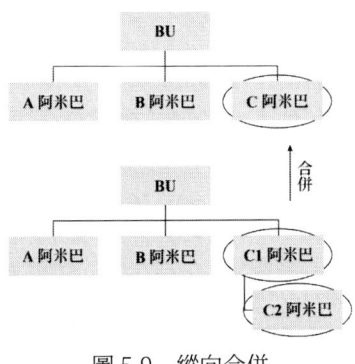

圖 5-9　縱向合併

◆ 第五章　組織整合與更新

四、縱向與橫向的選擇

到底是縱向好還是橫向好？不能說好與不好，只有適合與不適合之分。

我們透過表 5-5，來說明在什麼樣的情況下，橫向拆分比較好，或橫向合併比較好；在什麼樣的情況下，縱向拆分比較好，或縱向合併比較好。

> 思考：你的公司可以裂變出多少個阿米巴？

表 5-5　阿米巴拆分或合併的情況

情況	拆分	合併
培養更多經營型人才	V	
需進一步確立經營狀況	V	
需進一步尋找改善措施	V	
需進一步激發組織活力	V	
……	V	
培養更高層次的經營型人才		V
某阿米巴虧損或巴長能力不足		V
……		V

五、阿米巴拆分或合併的運用

把企業看成一個大的阿米巴,然後不斷拆分成若干個小的阿米巴,再不斷拆分出更多阿米巴的過程,代表企業的規模不斷發展壯大。

(1)按照產品、客戶、區域、品牌、職能等範圍劃分一級阿米巴,貫穿研發、生產、銷售。

(2)繼續劃分二級阿米巴,即拆分阿米巴後,又新增了若干個阿米巴。可以是橫向拆分,也可以是縱向拆分。

操作:

將你公司的阿米巴拆分與合併。

第四節　阿米巴組織整合

提示:

本節內容需要熟練掌握,公司有相應需求的,可進行相關操作,不需要做出方案。

阿米巴經營的精髓在於運用利益獨立核算的方式,進行自上而下和自下而上的整合,以全員參與和高度透明的經營方式培養員工的目標意識,最大限度地激發團隊成員的積極度,並為領導者培養奠定基礎。

第五章　組織整合與更新

「分」一定是方法，是表象；「合」才是經營的目的。阿米巴既可以平行裂變，也可以對上下級部門或上下級阿米巴進行整合，可以對平級部門或平級阿米巴進行整合。如圖 5-10 所示。

一、阿米巴整合的依據

阿米巴整合，無論是對人員許可權的界定，還是對組織架構的完善，都能夠對企業整體的流程及效果造成一定的作用，可以達到提高工作品質及工作效率、快速回饋等目的。

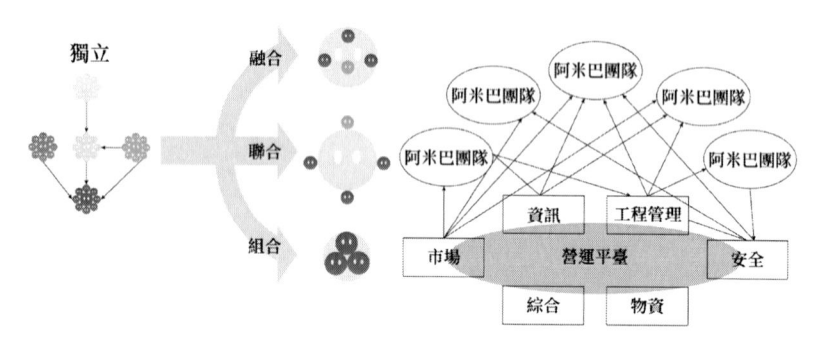

圖 5-10　阿米巴組織的整合

無論是上下級部門或上下級阿米巴的整合，還是平級部門或平級阿米巴的整合，都圍繞著企業對外部環境變化的快速反應進行。依據企業現存的環境，提出合理的實施方案，對實施方案進行評估，將評估中發現的問題進行優化和改進。

第四節　阿米巴組織整合

二、阿米巴整合的評估

為了發揮產業生態鏈的整合優勢和合作優勢，在新形勢下搶占產品和利潤的決勝點，企業的業務合作需求已日益明顯和緊迫。

因此，及時調整業務策略，持續改進效率低下的業務流程，提高關鍵業務績效，提高產品和服務的時效性，也成為時下企業的重要需求。獲利能力較差的阿米巴團隊，就需要整合。

阿米巴整合也帶來一定的經營風險：①新的組織結構必須適應企業文化；②新的阿米巴組織對外必須適應企業環境，提高競爭力；③由於阿米巴整合涉及員工的調動，必須維持企業內部穩定；④阿米巴整合會增加企業的管理成本。

案例：

某電氣企業為了應對激烈的市場競爭，內部醞釀將獲利能力較差的事業部進一步整合，直接從量上壓縮。整合後，相關事業部負責人會到各地分行履行新職。整合調整的基本思路是保持存量，更為注重成本控制、風險管理。在拓展客戶結構層面，逐漸改變過去過於側重小企業的方式，而要探索大、中、小客戶的均衡發展，改變目前只抓小客戶，把大客戶扔在一邊的情況。

◆ 第五章　組織整合與更新

當然，事業部制也並非全盤推倒。該公司內部改革方向仍為大事業部，但一些發展較好的行業，事業部應該會保留。該公司已經成立策略客戶事業部，由總部直接管理，覆蓋具有行業核心地位的重要客戶，分行負責在配套業務上進行落地。未來事業部繼續改革，分為大客戶事業部和中小客戶事業部。

> 思考：阿米巴為什麼要整合？

三、阿米巴整合操作

目標：

(1) 使各阿米巴走專業化道路，突出核心阿米巴的優勢，節省管理成本；

(2) 保證各阿米巴彼此協調配合，提高組織、員工的辦事效率；

(3) 提高企業競爭優勢，最終實現企業願景。

思路：

阿米巴的整合包括阿米巴合併、拆分與優化，可能多種形式同時存在，具體情況根據企業所處環境而定。

方法：

制定詳細、明確的整合計畫。

(1)對企業所處的內、外環境做客觀的分析；

(2)針對不同的阿米巴制定幾個完整、可行的方案；

(3)選擇最優方案，並確定其為最終的整合計畫；

(4)盡量將風險降到最低。

操作：

進行阿米巴整合操作。

四、阿米巴組織的撤銷

企業根據策略調整，根據全產業鏈的布局，設立一個阿米巴團隊，但也會根據市場需求和經營狀況，撤銷阿米巴團隊，即一個阿米巴組織根據企業策略需求，進行動態調整。

1. 阿米巴組織的解散事由

阿米巴組織有下列情形之一，可以解散。

(1)阿米巴團隊營業期限屆滿；

(2)股東會決議解散；

(3)因阿米巴組織合併或分立需要解散；

(4)依法被吊銷營業執照，責令關閉或者被撤銷；

第五章 組織整合與更新

（5）股東會依照公司法的規定予以解散；

（6）經營管理發生嚴重困難，繼續存續會使股東利益受到重大損失，透過其他途徑不能解決的，可以解散阿米巴組織。

2. 阿米巴組織的撤銷變更登記

企業決定撤銷阿米巴組織後，阿米巴組織應當向公司董事會申請撤銷變更登記。

3. 阿米巴撤銷之後的清算

阿米巴組織按照規定解散時，應當成立清算小組對阿米巴進行清算。

清算結束後，清算小組應當製作清算報告，報股東會確認，並報送公司登記機關，公告阿米巴組織終止。

操作：

撤銷阿米巴組織。

第五節　阿米巴組織更新

提示：

本節是阿米巴組織建設的延伸和拓展，要求了解即可，不需要做出方案。

一、策略阿米巴

1. 含義

策略阿米巴指諮詢顧問進駐企業內部,透過深度研究、擬定落地方案、主持專案研討、培訓操作以及輔導落地實施等方式,在完成企業策略規劃、重新設計企業組織架構、優化專案核心流程等任務的基礎上,匯入阿米巴組織劃分、阿米巴經營會計以及阿米巴人才激勵三大核心模組,以確保阿米巴經營模式能夠為企業產生巨大的效益。

2. 適用對象

業務較複雜,且不斷更新的大中型企業。

3. 要件

策略阿米巴的構成要件與功能,見表 5-6。

表 5-6 策略阿米巴的構成要件與功能

要件	企業收益	導入後變化
企業確立發展方向,制定競爭策略,幫助企業拓展產品或服務的行銷管道與行銷方式	提高銷售收入,進而把企業帶入快速成長的藍海領域	一批綜合素養較高的人才將脫穎而出,並且在不斷地裂變與培養,為企業源源不斷地提供具有經營意識的人才

第五章　組織整合與更新

要件	企業收益	導入後變化
根據企業策略重新設計組織架構、優化運作流程	使企業有效率、穩健地運作，徹底解放企業生產力、解放老闆	一批綜合素養較高的人才將脫穎而出，並且在不斷地裂變與培養，為企業源源不斷地提供具有經營意識的人才
企業導入策略阿米巴後，鼓勵原來只對內交易的部門有條件地對外營業，迅速裂變出多個營利單位	最大限度地提高企業的利潤；促使企業再次進入良性的快速發展階段，員工的積極性、主動性空前高漲，回到老闆創業初期的狀態	

操作：

向策略阿米巴更新。

二、平臺阿米巴的設計

1. 什麼是平臺阿米巴

平臺阿米巴是指諮詢顧問進駐企業，透過深度研究、擬訂方案、主持研討、培訓操作、輔導實施、協助整合企業內、外部資源等方式，把核心資源打造成企業平臺，將現有的和未來的各項業務，透過阿米巴經營模式，有條件地結合員工內部創

第五節　阿米巴組織更新

業，最終實現把企業做成平臺、把平臺做成阿米巴、把阿米巴做成合夥制的創新與穩固並存的經營模式，如圖 5-11 所示。

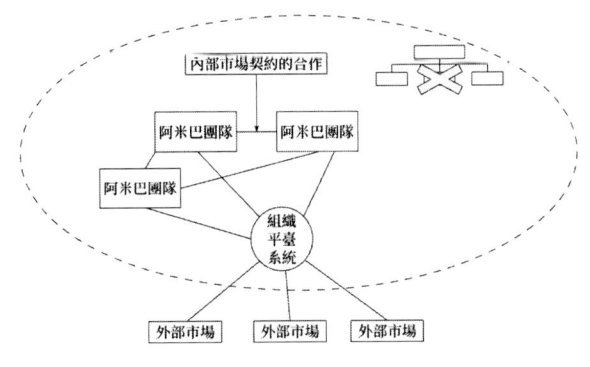

圖 5-11　平臺阿米巴

2. 適用對象

業務多元化的集團型企業。

3. 要件

平臺阿米巴的構成要件與功能，見表 5-7。

表 5-7　平臺級阿米巴的要件與功能

要件	企業收益	導入後變化
總部平臺掌握核心資源，並透過強化核心資源不斷地吸引進新的人才和新的業務	幫助企業組成一艘商業航空母艦	最大限度地提高企業的抗風險能力，具備打造百年老店所必要的各項基石

◆ 第五章　組織整合與更新

要件	企業收益	導入後變化
集團每個業務單位都採用阿米巴經營模式，共享平臺資源	既能發揮大公司的資源優勢，又能體現小公司的靈活性，大大提高集團的對外競爭力	最大限度地提高企業的抗風險能力，具備打造百年老店所必要的各項基石
平臺阿米巴透過股權激勵、群眾募資以及內部創業等方式激勵員工	促使一大批優秀的產業人才保持與公司的長期合作與發展	
推動公司與老闆從傳統的經營產品升級為經營資本、經營牌、經營人才	完成企業的全面升級與華麗蛻變	

操作：

設計一個平臺型組織結構。

三、「飛天式」阿米巴的設計

「飛天式阿米巴」是阿米巴的一個獨特類別，是基於主營業務對客戶提供服務的連貫性，嘗試成立一個貫穿主營業務全流程的阿米巴組織。

案例：

客戶背景：某網際網路公司是一家從事 B2B 平臺營運並提

供搜尋引擎的網路公司。雖然在行業中相當有實力,但並沒有多少人知道這家公司在 B2B 平臺方面的貢獻。

基於網際網路時代電商公司資源高度集中的特點,該公司除營運 B2B 平臺外,還有一些其他業務,如網路遊戲;與一些網路大公司合作專案;同時,也針對公司平臺上的資源,二次開發一些新的專案。

該公司雖然是一家網路公司,但業務方式仍然傳統,由大批業務人員透過網路或電話的方式獲得客戶,然後讓客戶成為公司會員,為客戶提供各種業務推廣的服務。

一、組織及業務分析

(1) 公司主營業務。在流程上分成三個獨立部門,分別為客戶提供服務。第一個業務部門尋找客戶,並讓客戶在 B2B 平臺上試用推廣效果;第二個業務部門負責將試用效果良好的客戶轉化成年費客戶;第三個業務部門負責將年費客戶更新成為公司的 VIP 客戶。

(2) 現行的其他業務模組非常獨立,都是與其他公司合作的專案。

(3) 公司未來準備開發客戶資源(平臺上有幾百萬的客戶數量),並作為策略性專案。

二、「飛天式」阿米巴的設計過程

（1）以業務模組和產品為範圍，劃分一級阿米巴：主營業務模組阿米巴；合作專案模組阿米巴；策略性專案阿米巴。

（2）主營業務模組阿米巴再次劃分：以價值鏈為依據，分成一部、二部、三部共3個二級巴，分別負責價值鏈上一個階段的流程操作；基於主營業務對客戶提供服務的連貫性，嘗試成立一個貫穿主營業務全流程的阿米巴，即「飛天阿米巴」，此阿米巴可同時進行一部、二部、三部的銷售和為客戶提供全過程的服務。

主營業務的4個二級阿米巴，同時並行兩種營運模式，相互競爭，也相互補充。

（3）合作專案模組阿米巴按業務形態特點，不再往下細分阿米巴組織。

（4）策略性專案阿米巴作為二次開發公司資源的未來專案，暫時形成一級阿米巴組織，不往下細分，待成熟執行後，再分二級和三級阿米巴組織。

三、組織劃分後的結果

在公司內部形成了良性競爭關係；釐清了三種不同類型的業務模組；為公司策略方向及發展提供了組織保障。

操作：

練習設計一個「飛天式」阿米巴。

四、「衛星式」阿米巴的設計

案例：

客戶背景：該公司是一家從事建材網路銷售的公司，並且在不同的電商平臺上都有網路商店。公司員工不到一百人，都非常年輕，平均年齡不到 25 歲，是一個非常有朝氣的團隊。公司在創立的前幾年，發展非常迅速，業務量也呈倍數成長，甚至在創業第二年，便獲得了某電商 B2B 平臺上某領域某產品銷售的年度冠軍。隨著網際網路的高速發展和電商行業競爭的日益激烈，公司的業務慢慢呈現成長緩慢的現象，各種管理問題突顯出來，人員流失率也越來越大，部分核心成員對公司表現出不滿，甚至有離開的念頭。

一、組織現狀診斷與研究

該公司的組織有以下特點：

(1) 公司沒有清晰的策略。因為電商行業的發展快，公司只忙於業務的發展，對未來的規劃、市場定位及產品的規劃，沒有明確的思路和方向。

◆ 第五章　組織整合與更新

　　(2) 組織職能重複且缺乏效率。雖然該公司是一家網際網路的電商公司，但組織的構成僵化。公司以店鋪為單位，每個店鋪下有相應的職能和組織：客服職能（客服人員負責銷售和售後服務）、運維職能（負責該店網站的建設及維護）、推廣職能（負責該店產品的推廣及頁面的宣傳）、設計職能（負責將公司產品的圖片或影片上傳到該店的網頁上）等。

　　(3) 對一家店的店長要求非常高，既要懂行銷，又要懂設計⋯⋯必須是一個非常全面的人，甚至比老闆還能幹，才能勝任此職位。

二、「衛星式」阿米巴的設計方法

　　1. 平臺化。將銷售和客服職能獨立出去，餘下的職能（設計職能、推廣職能、文案職能等）加上物流和倉儲等職能，集中到一個平臺上，形成一級阿米巴，即設計阿米巴、推廣阿米巴、文案阿米巴、物流阿米巴、採購阿米巴等。這些阿米巴與各店鋪形成交易關係，為各店鋪提供各種個性的服務，將原本各店的專業人員集中起來。一則有利於提升公司營運的專業能力；二則減少店鋪的冗員，提高工作效率。這個平臺負責公司所有店鋪的營運工作。

　　2. 衛星化。各店只保留兩個核心職能：一是產品銷售職能；二是客戶服務職能。將店鋪的職能單一化的優點：店鋪一心一

第五節　阿米巴組織更新

意做銷售；對店長的要求大大降低；對店鋪的業績衡量更簡單有效；店鋪的職位和人員大大減少。各店鋪像衛星一樣，在營運的平臺周圍執行，如圖 5-12 所示。

3. 人力資源部和財務部等職能部門暫不成阿米巴，但是產生的費用，按不同的範圍，都分攤給各級阿米巴。公司對這兩個部門實行計畫和費用目標相結合的考核方案。

三、劃分後的結果

公司整體人員減少了近 30 人；店長的工作熱情高漲；各專業部門的價值能有效衡量。

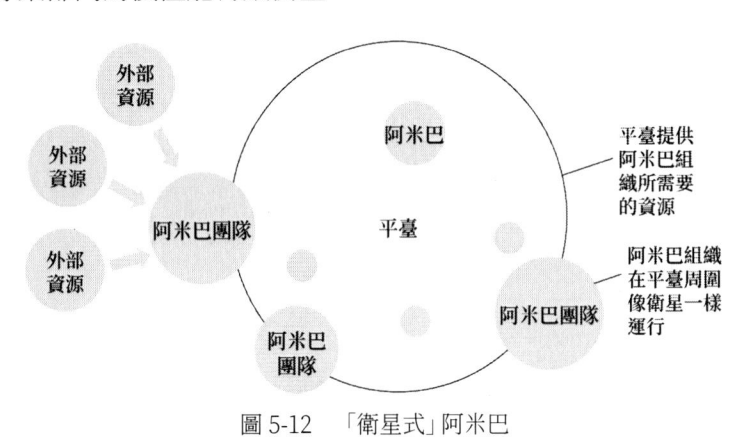

圖 5-12　「衛星式」阿米巴

操作：

練習設計一個「衛星式」阿米巴。

第五章　組織整合與更新

第六章
阿米巴組織執行

◆ 第六章　阿米巴組織執行

在執行體制上，阿米巴團隊擁有廣泛的經營自主權，但只有在公司統一發展規劃、發展策略的框架下謀求自我發展，才是實行阿米巴經營的目的。在企業的功能分配上，有些功能要由公司總部負責，有些要由阿米巴團隊來負責。

阿米巴高效能執行，在確保公司整體利益的前提下，增加各阿米巴的自主性、積極性，長期保持企業的活力和發展。

本章目標：

1. 了解：阿米巴組織的運作機制。

2. 掌握：阿米巴權利整理。

3. 掌握：巴長選拔與確認。

4. 了解：阿米巴推進組織。

形成成果：

1. 阿米巴組織的許可權明細表。

2. 阿米巴巴長的選拔、任職資格要求、任期與退出機制。

3. 阿米巴推進委員會。

第一節　阿米巴組織的運作機制

阿米巴組織結構是以企業總部與阿米巴組織之間的分權為特徵，由作為投資中心的總部、作為利潤中心或成本中心的阿

第一節　阿米巴組織的運作機制

米巴組成，不同的管理階層承擔不同的企業功能，為實現企業的目標而協調工作。

第一，在職能方面進行切分。阿米巴組織共同性的事項，設定一個部門來完成。公司總部主要負責與企業長遠發展相關的策略問題、阿米巴巴長人選以及阿米巴經營的監督和控制。策略性的問題包括企業發展方向的選擇、企業核心能力的培養、投資決策、產品開發、經營地域的界定、重大技術革新、全域性的新市場拓展、企業的財務資產結構、阿米巴業績評定和獎懲等。

阿米巴團隊在自己所屬的市場或地區內，在企業的發展策略規劃下，最大限度地占領市場，謀求自我發展。阿米巴團隊的功能包括：阿米巴發展策略的制定、日常經營管理、產品的實際銷售、產品的品質控制、行銷策略的制定和實施、產品生產原材料的採購等。有些功能和資源由於其共同性，各阿米巴團隊可共享。

第二，在執行體制上，阿米巴團隊擁有廣泛的經營自主權，但只有在公司統一發展規劃、發展策略的框架下謀求自我發展，才是實行阿米巴經營的目的。在企業的功能分配上，有些功能要由公司總部負責，有些要由阿米巴團隊來負責。

阿米巴團隊對所屬產品的研發、製造、銷售、服務等，有高度的自主權。按產品、客戶細分市場，從阿米巴巴長到各部

第六章　阿米巴組織執行

門人員縮短管理跨度，力求快速反應市場。

第三，在阿米巴組織結構上，採用巴長負責制的扁平化管理，縮短內部管理鏈條，強調速斷速決、快速反應和工作流程的高效率，對各項規定和領導者的指令，不打折扣地服從、執行，業務流程仔細化、程序化，按流程節點設職位定人，每個職位、每個人都具有不可替代性。

第四，在內部管理上，用最簡單也最適用的表格化管理模式，緊緊圍繞著集團的策略目標，從財務、客戶、內部流程及創新四個角度對阿米巴內部各項管理目標進行分解，研究目標實現的瓶頸，持續改進、持續提升。各阿米巴之間可以是互相獨立的關係，但更多是透過公司政策的調節來影響彼此的關係。

第五，在機制上，在對阿米巴的績效考核中，做到貢獻與獎金收入掛鉤，以便有效地提升阿米巴組織的積極度。發揮出阿米巴團隊經營靈活、適應能力強，效率高、反應迅速，專業化程度高、有利於區域性層面快速發展的特點。

但阿米巴在營運過程中，考慮問題往往從本部門利益出發，注重短期績效，容易造成忽視集團公司的整體利益問題。由於阿米巴團隊在生產、經營以及人事方面有一定的自主權，同時也容易產生本位主義，所以對阿米巴團隊進行監督和控制，使其與企業的發展策略相一致。

阿米巴經營解決的問題：如何在公司整體利益的前提下，增加各阿米巴的自主性、積極性，長期保持企業的活力和發展呢？

> 思考：在移動網路＋新生代員工的背景下，阿米巴組織如何高效能地運行？

第二節　阿米巴權力整理

阿米巴團隊劃分後，組織也進行人事許可權、財務許可權和業務許可權的劃分。

所謂分權，就是企業為發揮阿米巴組織的主動性和創造性，而把生產管理決策權分給下屬阿米巴組織，企業領導階層只集中少數全域性利益和重大問題的決策權。

由於阿米巴組織自主經營、獨立核算，業務決策者轉變為一個小組，所以組織的決策由這個小組成員共同做出。

一、阿米巴分權與傳統分權模式比較

在傳統經濟時代，以「正三角」（金字塔形）為代表的集權式組織結構，是指領導者位於權力層頂端，統籌規劃所有事

第六章　阿米巴組織執行

項，自上而下地下達指令，員工再自下而上地完成任務。內部擁有等級森嚴的層次體系，形成流程式分權，以控制為導向，工作指令在層級間上下傳遞、部門間傳遞，權力分散、模糊，效率低下，沒有人對結果負責。

而阿米巴分權，增加阿米巴的自主性，讓經營負責人做決策，前線自主裁量權適度放開。權利與責任對等，誰對結果負責，誰決策；誰決策，誰對結果負責。以客戶為導向，以有利於高效率、提高滿意度為原則授權。

阿米巴分權模式與傳統分權模式的差別，如圖 6-1 所示。

阿米巴分權	傳統分權
①自主性：讓經營負責人來決策，一線自主裁量權適度放開。 ②權利與責任對等：誰對結果負責，誰決策；誰決策，誰對結果負責。 ③以客戶為導向：以有利於高效率、提高滿意度為原則授權。	①業務線等指令，被動執行：以不出錯為原則；員工是只有手腳沒有頭腦的執行者。 ②權限集中：上級說了算，領導者決策，各主管把關。 ③流程式分權：以控制為導向。工作指示在層級之間上下傳遞、部門間傳遞，權力分散、模糊，效率低、沒有人對結果負責。

圖 6-1　阿米巴分權與傳統分權

二、阿米巴分權注意事項

阿米巴分權，主要有三個注意事項：分權與控制平衡；從業務需求出發；以控制標準為基礎。

首先，分權並不代表不用管公司上級了，而是進行「事

前──現場──事後」管理。分權也不是放任,而是進行透明化經營、透明化分權,在受監督的條件下用權。

其次,從業務需求出發。自上而下列清單,下面能做好的,就盡量放權,將原上級職能向下級業務團隊下放,提升業務前線服務效率。

最後,以標準制度為基礎。職能工作的決策方式,以前線決策為主,將原本的一事一審批,變為事前定制度、定標準,事後評價結果。

三、阿米巴分權條件

阿米巴分權條件,主要是標準清晰、監控到位和管理文化。

首先,標準清晰。策略目標、經營決策、制度等標準要明確。其次,監控到位。建立科學的監控體系,各職能部門的監控職能,具有專業指導能力。最後,企業要建立信任與容錯的文化,鼓勵阿米巴團隊積極拓展業務。

> 思考:在阿米巴組織中,哪些權限可以下放,從而使阿米巴團隊更有效率的經營?

第六章　阿米巴組織執行

成果 12　各阿米巴組織人事權限明細表

權責項目		業務部門		職能部門				決策層			備註
		生產阿米巴	銷售阿米巴	人力資源中心阿米巴	營運中心阿米巴	行銷中心阿米巴	財務資金阿米巴	研發中心阿米巴	總經理	常務副總經理	董事長	
組織設計和編制	一級巴長職位設置											
	二級巴長職位設置											
	三級巴長職位設置											
人員管理	一級巴長											
	二級巴長											
	三級巴長											
薪酬管理	一級巴長											
	二級巴長											
	三級巴長											
績效考核	一級巴長											
	二級巴長											
	三級巴長											
請假	一級巴長											
	二級巴長											
	三級巴長											
	巴員											
出差	國外出差											
	國內出差											

第二節　阿米巴權力整理

成果 13　各阿米巴財務權限明細表

<table>
<tr><th rowspan="2" colspan="2">權責項目</th><th colspan="2">業務部門</th><th colspan="4">職能部門</th><th colspan="3">決策層</th><th rowspan="2">備註</th></tr>
<tr><th>生產阿米巴</th><th>銷售阿米巴</th><th>人力資源中心阿米巴</th><th>營運中心阿米巴</th><th>行銷中心阿米巴</th><th>財務資金阿米巴</th><th>研發中心阿米巴</th><th>總經理</th><th>常務副總經理</th><th>董事長</th></tr>
<tr><td rowspan="2">財務管理</td><td>公司年度財務預算</td><td></td><td></td><td></td><td></td><td></td><td></td><td></td><td></td><td></td><td></td><td></td></tr>
<tr><td>每月資金計畫</td><td></td><td></td><td></td><td></td><td></td><td></td><td></td><td></td><td></td><td></td><td></td></tr>
<tr><td rowspan="3">現金借款</td><td>借款單次／筆 1 萬元以下</td><td></td><td></td><td></td><td></td><td></td><td></td><td></td><td></td><td></td><td></td><td></td></tr>
<tr><td>借款單次／筆 1 萬～5 萬元</td><td></td><td></td><td></td><td></td><td></td><td></td><td></td><td></td><td></td><td></td><td></td></tr>
<tr><td>借款單次／筆 5 萬元以上</td><td></td><td></td><td></td><td></td><td></td><td></td><td></td><td></td><td></td><td></td><td></td></tr>
<tr><td rowspan="3">費用支出</td><td>業務招待費</td><td></td><td></td><td></td><td></td><td></td><td></td><td></td><td></td><td></td><td></td><td></td></tr>
<tr><td>差旅費</td><td></td><td></td><td></td><td></td><td></td><td></td><td></td><td></td><td></td><td></td><td></td></tr>
<tr><td>員工教育經費</td><td></td><td></td><td></td><td></td><td></td><td></td><td></td><td></td><td></td><td></td><td></td></tr>
<tr><td rowspan="3">四費</td><td>預算內費用、薪資福利</td><td></td><td></td><td></td><td></td><td></td><td></td><td></td><td></td><td></td><td></td><td></td></tr>
<tr><td>預算外 2 萬元／月</td><td></td><td></td><td></td><td></td><td></td><td></td><td></td><td></td><td></td><td></td><td></td></tr>
<tr><td>預算外 1 萬元／月</td><td></td><td></td><td></td><td></td><td></td><td></td><td></td><td></td><td></td><td></td><td></td></tr>
<tr><td rowspan="3">工資／社會保險</td><td>總監級及以上人員定薪</td><td></td><td></td><td></td><td></td><td></td><td></td><td></td><td></td><td></td><td></td><td></td></tr>
<tr><td>月度獎金 ×× 萬元以上</td><td></td><td></td><td></td><td></td><td></td><td></td><td></td><td></td><td></td><td></td><td></td></tr>
<tr><td>月度獎金 ×× 萬元以下</td><td></td><td></td><td></td><td></td><td></td><td></td><td></td><td></td><td></td><td></td><td></td></tr>
</table>

第六章　阿米巴組織執行

> **成果 14**　各阿米巴業務權限明細表

權責項目		業務部門		職能部門				決策層			備注
		生產阿米巴	銷售阿米巴	人力資源中心阿米巴	營運中心阿米巴	行銷中心阿米巴	財務資金中心阿米巴	研發中心阿米巴	總經理	常務副總經理	董事長	
銷售管理	公司年度銷售目標預算											
	部門年度目標預算											
	銷售合約審批權											
	定價及價格調整建議權											
採購權限	供應商考察篩選											
	供應商名單確定											
	採購合約審定											
收支權限	單次支出兩千元以上											
	單次支出五千元以上											
	單筆預借兩千元以上											

續表

權責項目		業務部門		職能部門				決策層			備註
		生產阿米巴	銷售阿米巴	人力資源中心阿米巴	營運中心阿米巴	行銷中心阿米巴	財務資金阿米巴	研發中心阿米巴	總經理	常務副總經理	董事長	
工作計畫	三級/專案計畫：銷售回款工作											
	二級計畫：重點方案及事項											
	一級計畫：集團總部各職能工作											
考核激勵	阿米巴獎金分配建議權											
	巴長對所屬成員的即時激勵權（500元以內）											

第三節　阿米巴團隊實施計畫

從阿米巴職能定位上看，阿米巴團隊最終應成為利潤中心或成本中心。在公司總體策略指導下，負責制定業務層次的競爭策略，確定具體的實施計畫和方案；統一規劃、協調、管理和指揮本阿米巴內的生產、研發和行銷活動，對利潤和報酬率負責；及時向總部反映市場變化資訊，積極配合總體策略計畫

第六章　阿米巴組織執行

的制定。對阿米巴團隊賦予必要的權利，包括：

業務層次競爭策略的制定權；阿米巴內部的生產經營自主權；一定限額的決策權和預算審批權；阿米巴內部的人事任免和獎懲權等。

參照成功案例的做法，將權責劃分進一步細化深入每個職位，可透過編製統一的授權手冊或與各級人員簽署意向書，確立每個職位的任務、責任和許可權等。

在阿米巴團隊實施計畫上，參考某企業的案例，說明在公司整體價值鏈上，哪些部門可以實施阿米巴計畫，哪些暫緩實施阿米巴計畫。

如圖 6-2 所示，研發部門現階段體系和職能都尚未健全，暫時不適合以利潤阿米巴或預算阿米巴的形式運作。工藝技術的職能下放到產品事業部的生產阿米巴。

採購部門目前主要的職能依賴高層完成，不能獨立設立阿米巴，部分職能下放到生產阿米巴。

生產和行銷部門可以完全獨立成阿米巴，以成本制和利潤制形態運作。

> 思考：你公司的整體價值鏈上，哪些部門計劃設立阿米巴？哪些部門暫緩設立阿米巴？

財務、人力資源、後勤等職能部門，基礎的預算制運作尚未實施，特別是人力資源部的功能，還未提升到一定高度，等職能運作完善後再行成立。

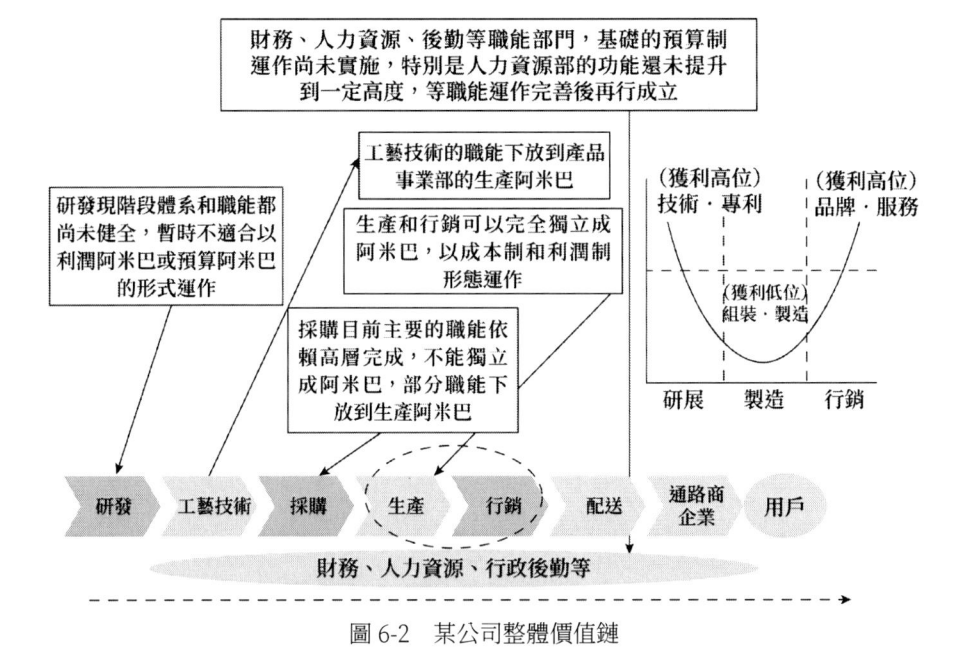

圖 6-2　某公司整體價值鏈

第四節　巴長選拔與確認

巴長選拔，主要是根據人力資源規劃和職務分析的要求，尋找、吸引那些既有能力又有興趣到阿米巴團隊任職的人員，並從中挑選適宜人員，予以錄取的過程，以確保阿米巴經營各

第六章　阿米巴組織執行

項活動正常進行。巴長的選拔與確認，是阿米巴其他各項活動得以開展的前提和基礎。

一、巴長產生的主要方式

第一是競爭。公司全體員工，不論職務高低、貢獻大小，都站在同一起跑線上，重新接受公司的挑選和任用。同時，員工本人也可以根據自身特點與職位的要求，提出自己的選擇期望。

巴長競爭可以作為一種保證組織變革順利進行的必要措施和重塑企業文化的有效方式。它能夠打破因循守舊的傳統觀念，摒棄論資排輩的落後用人模式，真正展現能上能下、優勝劣汰的市場化觀念和競爭意識，鼓勵員工不斷創新，實現自我提升，為組織注入新的活力，同時強化員工的使命感與責任感。

為了保障巴長競爭工作的順利進行，可以成立專門的「專家評審組」和「競爭工作組」。

第二是聘任。公司根據阿米巴團隊的需要和職位要求，採取簽訂聘用合約或發放聘書的方式，聘用某些工作人員，在規定的期限內擔任巴長職務。一旦公司與被聘人員簽訂合約，即建立了聘用契約關係，這種關係展現在聘用合約規定的責、權、利中，並具有相應的約束力。聘用期滿，雙方契約關係即告結束。

第四節　巴長選拔與確認

二、巴長基本條件

　　巴長的基本條件，是懂業務，會帶團隊，具有經營意識和能力，工作有熱情、主動擔當。要求巴長懂業務，也要懂現代人力資源管理。比如財務中心巴長，履行完成成本核算、預算管理、稅務統籌等職責，這叫懂業務；巴長還要懂得帶團隊、做好業務工作，完成整個阿米巴的業務目標。如果個體是英雄（精通業務），讓這個英雄去帶團隊，團隊卻顯得平庸，那這個英雄也不適合當巴長。

> 思考：巴長產生的兩種方式，你更傾向於哪一種？為什麼？

成果 15　阿米巴巴長選拔與確認

阿米巴團隊	巴長人選來源	巴長選聘方式（競爭／任命）	巴長
生產			
採購			
地區			
技術研發			

第六章　阿米巴組織執行

成果 16　巴長任職資格要求

巴長任職資格要求				
基本要求	學歷		專業	
	年齡		性別	
經驗	工作經驗			
	行業經驗			
	職位經驗			
知識	基本知識			
	專業知識			
能力	業務能力			
	經營管理能力			
素養				

成果 17　巴長任期與退出機制

巴長退出機制	
巴長任期	巴長可以實行任期制，建議 1～3 年為一個任期
試用週期	6 個月
退出條件	1. 試用期未達利潤目標的（　　）％，考核週期未達到阿米巴利潤目標（　　）％，且 50％的月分在月度排名均處於倒數（　　）名以內的巴長 2. 巴長任期屆滿可以連選連任，沒有連任者自動解除職務

成果 17	巴長任期與退出機制
退出路徑	1. 本級阿米巴內部調整 2. 上一級阿米巴內部調整 3. 公司內部調整

第五節　阿米巴推進組織

在企業不斷變化的業務環境中,企業也轉向阿米巴組織架構,阿米巴經營模式便成為企業主要的策略轉型。為保障阿米巴團隊順利劃分、阿米巴經營成功落地,公司需要建立阿米巴推進委員會,並公布委員名單,公司中高層領導者和巴長都位列其中。

阿米巴推進委員會的主要職責:及時統籌推進阿米巴組織實施、監督和考核相關工作。按月度部署行動推進的重點任務,並協調推動各阿米巴工作落實,適時調整各專案目標、行動內容等。

> 思考:巴長產生的兩種方式,
> 你更傾向於哪一種?為什麼?

阿米巴推進委員會的會議制度:阿米巴推進委員會根據工作需求,定期或不定期召開會議。如果是全體會議,由阿米巴

第六章　阿米巴組織執行

推進委員會委員長召集。部署年度重點任務，總結工作進展，研究討論阿米巴經營策略等重要問題。

阿米巴推進委員會

目的：

為了更能組織和實施公司阿米巴專案計畫，推進公司阿米巴工作，經研究，決定成立阿米巴專案推進委員會。

範圍：

適用於推進公司阿米巴經營模式落地實施。

委員會成員名單：

序號	委員會職務	姓名	現任職務
1	委員長		
2	秘書長		
3	委員		
4	委員		
5	委員		

待阿米巴組織劃分確定並選出巴長後，巴長自動進入委員會成為委員。

委員任職期限

1. 從公布之日起,至阿米巴推進完成止;

2. 任期內若有委員離職或不再勝任委員資格者,由祕書長提議是否補充人員及補充者姓名,交由委員長批准生效。

國家圖書館出版品預行編目資料

阿米巴定律，讓企業自己壯大的經營密碼：打破傳統管理邏輯，透過分權、自主、共享激發組織全員潛能的經營革命 / 胡八一 著. -- 第一版. -- 臺北市：沐燁文化事業有限公司, 2025.01
面；　公分
POD 版
ISBN 978-626-7628-17-1(平裝)
1.CST: 企業經營 2.CST: 企業管理
494　　　113020279

阿米巴定律，讓企業自己壯大的經營密碼：打破傳統管理邏輯，透過分權、自主、共享激發組織全員潛能的經營革命

作　　者：胡八一
發 行 人：黃振庭
出　版　者：沐燁文化事業有限公司
發　行　者：崧燁文化事業有限公司
E - m a i l：sonbookservice@gmail.com
粉　絲　頁：https://www.facebook.com/sonbookss/
網　　址：https://sonbook.net/
地　　址：台北市中正區重慶南路一段 61 號 8 樓
8F., No.61, Sec. 1, Chongqing S. Rd., Zhongzheng Dist., Taipei City 100, Taiwan
電　　話：(02) 2370-3310　傳　　真：(02) 2388-1990
印　　刷：京峯數位服務有限公司
律師顧問：廣華律師事務所 張珮琦律師

-版權聲明-
本書版權為中國經濟出版社所有授權沐燁文化事業有限公司獨家發行電子書及繁體書繁體字版。若有其他相關權利及授權需求請與本公司聯繫。
未經書面許可，不得複製、發行。

定　　價：350 元
發行日期：2025 年 01 月第一版
◎本書以 POD 印製